建設工程項目風險
損失控制理論與實踐研究

甘露 著

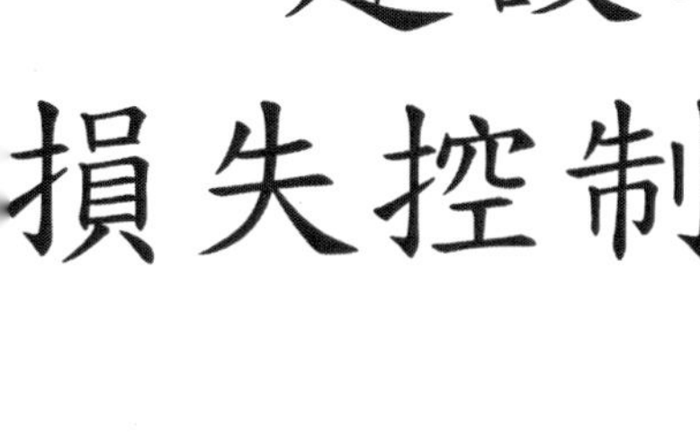

財經錢線

前　言

　　建設工程項目是在一定的建設時期內，在人、財、物等資源有限的約束條件下，在預定的時間內完成規模和質量都符合明確標準的任務。項目具有投資巨大、建設期限較長、整體性強、涉及面廣、制約條件多以及固定性和一次性等特點。所有建設工程項目都會經歷耗時的開發設計和繁雜的施工建造過程，通常具有項目決策、設計準備、設計、施工、竣工驗收和使用等項目決策和實施階段。因此，建設工程包含著大量的風險。項目從啓動伊始就面臨著重複而多變的情況。通常，建築業的項目涉及從最初的投資評價到建成並最終投入使用的重複過程。而這一過程往往受到諸多不確定因素的影響，使得整個項目都始終處於高風險的環境當中。

　　早在1992年，學者們就討論了建設中的不確定性。不確定性意味著風險的存在。對於風險的定義，眾多領域的理論學家和實踐工作者對其一直沒能達成共識，無法給出一個統一的概念。但在風險管理中，風險的定義一般可以分為兩類：強調不確定性和強調損失。如果風險存在，那麼人們至少面臨兩種可能的結果，且無法預知最終會出現哪種結果，是為不確定性；出現風險的同時，意味著損失的存在，也就是說會有不如人意的后果出現。損失並不一定都是經濟方面的，也可能是社會、政治、環境等方面的。在一般情況下，風險可以理解為實際結果與預期結果的偏離，即實際的結果與人們主觀希望或者客觀計算的結果不一致。當然，偏離可分為朝有利的方向偏離和不利的方向偏離兩種，而需要進行管理和控制的風險則是出現了不利偏離的情況。

　　自20世紀90年代起，風險識別、風險分析及風險控制等風險管理技術開始應用於建築行業，在對建設工程項目所包含的大量風險進行控制的過程中發揮了重要的作用。項目管理這樣重複的過程中涉及諸多不同組織、人員和環節，且受到大量外界及不可控制因素的影響。所以，項目的決策和實施是經濟活動的一種形式，其一次性使得它較之其他一些活動所面臨的不確定性更大。因此，建設工程項目的風

險的可預測性也要差得多，而且建設工程項目一旦出現了問題，就很難進行補救，或者說補救所需付出的代價就更高。建設工程風險源自重複運作的內外系統，這使得控制風險損失的決策具有多目標性和多層次性的特點。因此，在不確定性影響下，綜合考慮重複的決策環境控制項目的風險，減少或者避免損失，對於有效管理項目進度、合理配置工程資源、積極應對自然和環境災害對建設的影響、保證工程安全高效運作具有重要的現實意義。

在建設工程項目風險損失控制管理中，不確定性普遍存在，很多現象均可以由「隨機」和「模糊」來描述和表達。工程在進行過程當中面臨多種不可預見的情況，例如建設環境、氣候狀況、人工技能和材料設備等都可能影響工程的進度。這些項目中的不確定性會影響工程的最終工期，導致誤工等損失，是重要的風險因素。因此，運用數學語言來表達項目信息可以幫助人們更為方便地描述風險，同時能在此基礎上，利用成熟的數學理論和知識處理這些「不確定」，保障項目風險控制與管理的可操作性和有效性。

總之，不確定性以及隨之而來的高風險是建設工程項目管理問題的基本特點。靈活採用風險管理的技術和方法來控制項目的損失，能夠更加真實地反應建設工程項目風險的情況，從而更有效地實現控制損失的目標。本書將基於已有的研究成果，以風險損失理論—實踐應用—相關定義、定理及程序等為框架展開，綜合不確定性理論和風險損失控制技術方法為建設工程項目風險管理問題進行較為系統和深入的研究。

甘　露

目　錄

理　論　篇

第一章　風險管理概述 ………………………………………………… 3
　　第一節　風險的概念 ………………………………………………… 3
　　第二節　風險管理的程序 …………………………………………… 7
　　第三節　風險管理的方法 …………………………………………… 9

第二章　風險損失控制 ………………………………………………… 35
　　第一節　風險損失控制理論 ………………………………………… 35
　　第二節　風險損失控制方法 ………………………………………… 45

第三章　建設工程項目風險 …………………………………………… 48
　　第一節　建設工程項目風險概述 …………………………………… 48
　　第二節　建設工程項目風險分類 …………………………………… 51

實　踐　篇

第四章　某高速路橋樑項目風險損失控制——隨機型 ……………… 57
　　第一節　項目問題概述 ……………………………………………… 57
　　第二節　風險識別和評估 …………………………………………… 60
　　第三節　風險損失控制模型建立 …………………………………… 60

第四節　求解算法及案例應用……………………………………… 65

第五章　大型水利水電建設工程項目質量風險損失控制——模糊型……… 72
　　第一節　項目問題概述……………………………………………… 72
　　第二節　風險損失控制模型建立…………………………………… 75
　　第三節　求解方法及案例應用……………………………………… 84

第六章　某水電站廠房項目風險損失控制——混合型…………………… 93
　　第一節　項目問題概述……………………………………………… 93
　　第二節　風險識別和評估…………………………………………… 97
　　第三節　風險損失控制模型建立…………………………………… 97

第七章　某交通網路加固項目風險損失控制——複合型……………… 111
　　第一節　項目問題概述…………………………………………… 111
　　第二節　風險識別和評估………………………………………… 116
　　第三節　風險損失控制模型建立………………………………… 116
　　第四節　案例應用………………………………………………… 127

第八章　某震后重建房地產項目風險損失控制——綜合方法………… 139
　　第一節　項目問題概述…………………………………………… 139
　　第二節　風險損失控制模型建立………………………………… 141
　　第三節　求解算法及實現………………………………………… 147

附錄……………………………………………………………………… 149

結語……………………………………………………………………… 183

參考文獻………………………………………………………………… 187

理 論 篇

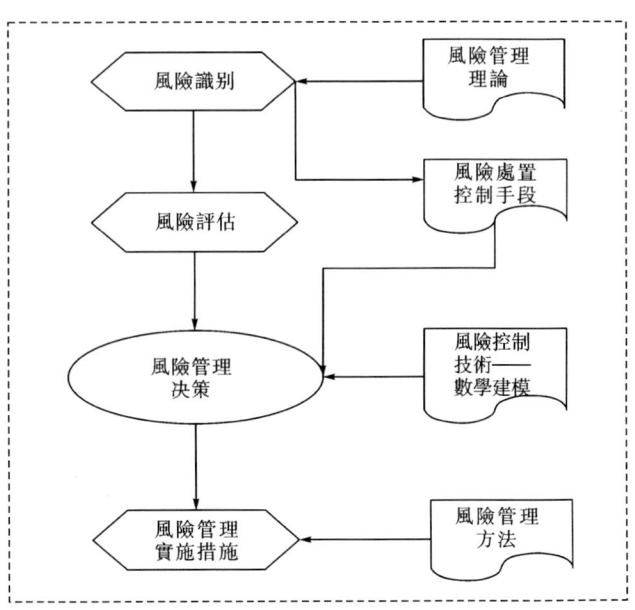

第一章　風險管理概述

　　[海爾公司總裁張瑞敏在談到海爾的發展時感嘆地說，這些年來他的總體感覺可以用一個字來概括——懼。

　　他對「懼」的詮釋是「如臨深淵，如履薄冰，戰戰兢兢」。他認為市場競爭太殘酷了，只有居安思危的人才能在競爭中獲勝。]

　　　　　　　　　　　　　　——體現了國際知名企業的風險管理意識

第一節　風險的概念

　　風險由來已久，自從有了人類，便有了風險，這是一種長期存在於人類歷史上的客觀現象。風險無處不在，滲透在人們政治、社會、經濟生活的方方面面。

一、概念

　　人們在生活中，時常面臨著大大小小和各式各樣的「威脅」，無時無刻不在「冒險」，比如諸種天災人禍，地震、風暴、火災、交通事故、通貨膨脹和施工事故等。普遍存在的風險，使得「風險」一詞及相關字眼使用得非常廣泛，成為各類媒介宣傳和人們談論中被提及得頗頻繁的詞語。人類對於風險的關注歷史悠久，根據史料記載，人們對於風險的普遍性早就有了樸素的認識。在中國夏朝後期就有了「天有四秧，水旱饑荒，其至無時，非務積聚，何以備之」的描述。由於風險普遍存在且其與人們切身利益息息相關，對風險理論的研究從未中斷。學者們期望通過瞭解風險的本質和特徵，能夠採取有效的方法來識別風險，控制風險，減少乃至避

免風險損失，以庇護人們生活的安全幸福、社會經濟的進步和穩定。

風險的定義最早是由美國學者 Wheatley（惠特利）提出的，他認為風險是關於不願意發生的事件發生的不確定的客觀體現。然而迄今為止，關於風險的定義，學術界尚無統一的認知。近一百年來，人們不斷從多個角度提出對風險的詮釋，綜合形成比較能夠為人們所接受的定義。本書提煉總結為：風險是指損失的不確定性。

首先，風險源自環境的不確定性。譬如對於未來天氣的變化，人們往往無法準確預知，從而無法提前做好應對措施，由此面臨莊稼收成被惡劣天氣影響的風險。不確定性的存在是一個客觀的現實，不以人的主觀意志為轉移，也正是因此，人們才會竭盡全力地去認知風險、瞭解風險、控制風險。國內外有學者通過總結，把不確定性的主要表現歸集為兩種基本形式：隨機、模糊。隨機現象，是指因為事件發生的條件不充分，使得條件與結果之間沒有決定性的因果關係。如：以同樣的方式拋置硬幣，硬幣落地後卻可能出現正面向上，也可能出現反面向上的現象；走到某十字路口時，可能正好是紅燈，也可能正好是綠燈。模糊現象，是指一個對象是否符合這個概念難以確定，在質上沒有明確含義，在量上沒有明確界限，如：「情緒穩定」與「情緒不穩定」，「健康」與「不健康」，「年輕」與「年老」。當然現實世界中存在的廣泛而又重複多變的不確定形式，也會出現多種不確定混合，甚至有雙重乃至多重不確定的情況。這就使得人們所面臨的風險來源愈加重複。

其次，風險必須有損失的存在。這裡是指非計劃的、非主觀願意的價值減少。「價值」通常指「經濟價值」，常以貨幣來衡量。例如股票的虧損，它就滿足了「經濟價值的減少」和「非主觀願意」的條件，所以炒股是一種風險。再如暴雨天氣下道路濕滑，導致車禍發生，造成人員傷亡、財產損失，這就是「社會價值」和「經濟價值」都減少，並且不是「計劃內」人們「主觀願意」發生的，由此可以說暴雨天氣是一種風險。當然固定資產的折舊，它滿足了「經濟價值」減少這個條件，但由於它是有計劃的和預期可知的經濟價值的減少，因此不滿足風險的所有條件，故不能稱其為風險。

綜上所述，可以把風險定義為：

$$風險值 = 風險發生的不確定程度 \times 風險的損失後果$$

$$R = U \times S \tag{1-1}$$

也可以把風險定義進一步細化為：

風險值＝風險發生的不確定程度×風險的嚴重程度×風險的可監測程度

$$R = U \times S \times D \qquad (1-2)$$

根據以上定義，風險由風險事件出現的不確定程度與其損失后果（或損失后果的嚴重程度與風險的可監測程度）組成。那麼與風險密切相關的概念就是風險事件和可能的風險因素，因此可以把風險詮釋為風險因素可能引發的風險事件或會造成的一系列后果和損失。

二、分類

風險可以按照不同的標準來分類，應針對不同風險的實際採取不同的處置措施，實現把控風險的目標。整合國內外現有的主流觀點，風險一般有如下幾種類型。

1. 按風險的存在性質分類

客觀風險：實際結果與預測結果之間的相對差異和變動程度，是客觀存在的、可觀察到的、可測量的風險。

主觀風險：由精神和心理狀態引起的不確定性，由人們心理意識確定的風險。

2. 按風險的產生原因分類

自然風險：由自然力的非規則運動（即自然界的不可抗力）而引起的自然或物理現象導致的物質的損毀和人員傷亡，如地震、風暴、洪水等。

社會風險：由於人們所處的社會背景、秩序、宗教信仰、風俗習慣及人際關係等的反常所造成的風險，如戰爭、罷工等。

政治風險：由於政治方面的各種事件和原因而導致的意外損失，如因政局和政策的變化引起投資環境惡化，致使投資者蒙受損失。

經濟風險：由於市場預測失誤、經營管理不善、價格波動、匯率變化、需求變化和通貨膨脹等因素導致經濟損失的風險，如股市暴跌引發的虧損。

技術風險：由於科學技術發展的副作用帶來的各種損失，如新技術不成熟造成的安全事故。

行為風險：由於個人或團體的行為不當、過失及故意而造成的風險，如搶劫、盜竊等。

3. 按風險的對象分類

財產風險：財產發生損毀、滅失和貶值的風險，如廠房、設備、住宅、家具因自然災害或意外事件而遭受損失。

人身風險：由生、老、病、死等人生中不可避免的必然現象給家庭和經濟實體帶來的損失，如人的疾病、傷殘、死亡等。

責任風險：由團體或個人違背法律、合同或道義的規定，形成侵權行為，造成他人的財產損失和人身傷害的風險，如根據法律或合同的規定，雇主對其雇員在從事工作範圍內容的活動中，造成身體傷害所承擔的經濟責任，即形成責任風險。

信用風險：權利人與義務人在交往中由於一方違約或犯罪而對對方造成的損失的風險，如不按合同支付工程款的違約風險。

4. 按風險的性質和環境分類

靜態風險：又稱純粹風險，是指風險結果只有損失的可能而無獲利的機會。靜態風險的變化較有規則，會重複出現，通常服從大數定律，因為較有可能對其進行預測。

動態風險：又稱投機風險，是指既有損失可能又有獲利機會的風險。動態風險遠比靜態風險重複，多為不規則的、多變的運動，很難進行預測。

5. 按對風險的承受能力分類

可接受風險：預期的風險事件的最大損失程度在單位或個人經濟能力和心理承受能力的最大限度之內。

不可接受風險：與可接受風險相對應，風險事件的損失已超過單位或個人承受能力的最大限度。

6. 按風險涉及的範圍分類

局部風險：是指在某一局部範圍內存在的風險。

全局風險：是指一種涉及全局，牽扯面很大的風險。

7. 按風險的控制程度分類

可控風險：人們能比較清楚地確定形成風險的原因和條件，能採取相應措施控制發生的風險。

不可控風險：由不可抗力而形成的風險，人們不能確定這種風險形成的原因和

條件，表現為束手無策或無力控制。

8. 按風險的預期程度分類

輕度風險：一種風險損失較低的風險，即便發生危害也不大。

中度風險：介於輕度風險和重度風險之間的風險，一旦發生，危害較大。

重度風險：一種危害極大的風險，也稱嚴重或高度風險。

9. 按風險存在的方式分類

潛在風險：一種已經存在風險事件發生的可能性，且人們已經估計到損失程度與發生範圍的風險。

延緩風險：一種由於有利條件增強而抑制或改變了風險事件發生的風險。

突發風險：由偶然發生的時間引起的人們事先沒有預料到的風險。

10. 按風險責任承擔的主體分類

國家風險：有國家作為風險承擔者的風險。

企業風險：企業在進行經營活動中遇到的由企業承擔的風險。

個人風險：由個人承擔的風險。

第二節　風險管理的程序

一、概念

風險管理一詞發源於美國，最早是在 1930 年美國管理協會發起的一次保險問題會議上被提出的。對風險管理的系統研究出現在 20 世紀 60 年代。1963 年，Mehr 和 Hedges 討論了企業的風險管理，隨後，Williams 和 Heine 出版的《風險管理和保險》(*Risk Management and Insurance*，已相繼出版多個版本)，在歐美地區引起了普遍重視。書中指出，風險管理是通過對風險的識別、衡量和控制而以最小的成本使風險所致損失達到最低程度的管理辦法，從此對風險管理的研究漸趨系統化、專門化。迄今，風險管理的應用已滲透到社會經濟生活的各個領域，為人們所普遍接受，並得到了廣泛地研究和應用。

二、程序

風險管理是一種目的性很強的工作，它的最主要目標是處置風險和控制風險，防止和減少損失，以保障社會生產及各項活動的順利進行。風險管理的先驅詹姆斯・奎斯提指出「風險管理是企業或組織控制偶然損失的風險，以保全盈利的能力」。可見通過有效的風險管理希望實現的是：①降低意外損失；②維持組織正常運作；③提高價值效益。因此，為了有效地管理一個組織的資源和活動以實現風險管理的目標，需要應用一般的管理原則並以合理的成本盡可能減少風險損失及其對所處環境的不利影響。如圖1.1所示，風險管理的一般過程遵照風險識別—風險評估—管理決策—提出相應的管理建議和實施措施來進行。

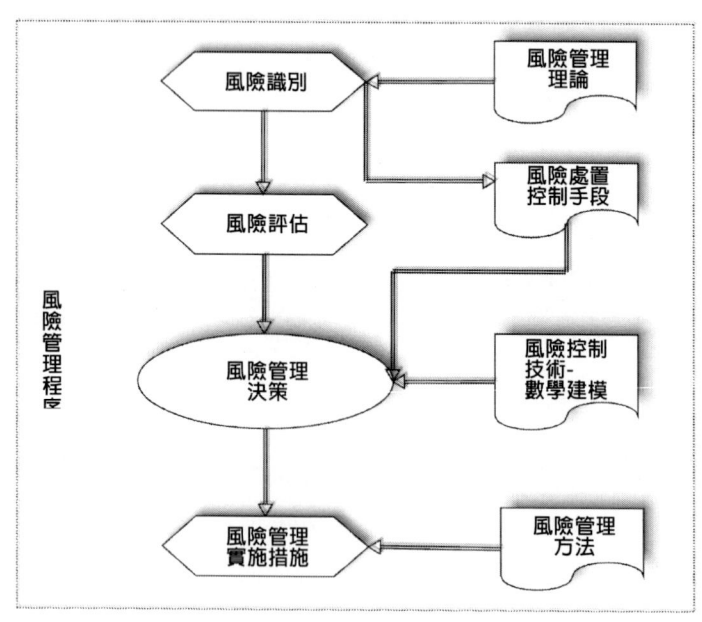

圖1.1　風險管理的一般過程

1. 風險識別

研究討論一種特定的風險，首先要對該風險有充分的認識，然而這並非一個一蹴而就的簡單過程。對於眾多風險，不同的風險主體所關注的都不盡相同。因此，討論哪種或者哪幾種風險的損失控制，應該基於一定的考量而有所選擇。在確定了

風險探討的角度后，就需考慮風險的來源，以及相應產生的值得注意的風險因素，由此逐步通過辨識、分析和定義確定需要討論的風險。在這個過程中，風險管理的理論可以為我們提供指導和依據。識別了特定的風險，選取什麼樣的處理和控制手段就顯得很重要，因為不一樣的風險，需要採用的手段也是有區別的。

2. 風險評估

識別了風險，為了方便進一步的風險決策，基於對其風險型的分析和不確定性的定義，必須對其具體的分佈規律進行估計，例如用隨機變量描述的風險的概率分佈，用模糊變量表示的風險的隸屬度函數形式，以及雙重不確定變量的不確定規律等。在這方面已有很多成熟的技術方法可供借鑑。

3. 風險管理決策

這是為了能夠提出具體風險管理建議和實施措施所需進行的必要的一步。決策實際上是在一定的條件限制下，按照某些準則，利用相應的技術方法選擇制訂出管理方案。事實上，面對多種風險，每種風險都可能有許多可行的決策技術方法，選擇最為合適的應對辦法是很必要的。在這方面，鑒於數學工具對於風險描述的全面性和準確性，以及模型技術對於解決風險處理和控制問題的優越性，可以考慮選用適當的數學模型來進行風險決策建模，比如常用的隨機規劃、動態規劃和二層規劃等幾種優化技術。

4. 風險管理實施措施

風險管理的最終結果需要根據決策的結果，得到相應的管理建議和實施措施。管理決策的結果可能並不能完全轉化為可直接操作的措施，這個時候，就應該從風險管理的方法中尋求相應的指導。

第三節 風險管理的方法

風險普遍存在，看待風險的角度不同、利益關係不同、風險主體不同，對於風險的關注也就不盡相同，所採用的管理方法也不盡相同。在過去的20多年裡，與風險識別、風險評估以及風險決策、管理實施及風險監控相關的風險管理方法在很多

行業中得到了很好的應用，研究成果豐碩。整合國內外現有的主流觀點，針對風險管理的一般程序，本書集中介紹幾種常用的風險管理方法。

一、風險識別

風險管理首要的關鍵步驟就是風險識別。風險識別是風險主體逐漸認識自身所面對風險的一個過程。具體來說，這個過程就是對風險構成中的風險來源、風險因素、風險特徵及可能造成的后果進行全面的定性描述。它是風險管理的基礎性工作，為后面的風險評估提供必要的信息，使其更具有效率。常用的風險識別方法有頭腦風暴法、德爾菲法、情景分析法、事故樹分析法、事件樹分析法、工作風險分解法等。

1. 頭腦風暴法

頭腦風暴法也即是所謂的「集思廣益」，一般由五六個人採取小組開會的形式，通過充分發揮參與人員的積極性和創造力，以獲得盡可能多的設想。這種方法應用於風險識別，需要主持人就待討論的議題提出能促使參與者急需回答的問題，激發「靈感」，通過集體的組合效應，攫取更多豐富的信息，使得預測和識別的結果更為準確。頭腦風暴法操作簡單可行，已得到廣泛的重視和採用，但使用它時需注意以下問題：

（1）謹慎地選擇人員。參會人員應是熟悉問題、瞭解風險的專家；主持人應有較強的邏輯思維能力、較高的歸納力和較強的綜合能力。

（2）具備明確的會議議題。待討論的議題必須是能為參會者充分理解和把握的。

（3）充分的輪流發言。無條件接納任何意見，並充分展示每條意見。

（4）可循環的發言過程。如果專家意見不收斂，可以通過反覆諮詢、搜集、整理意見，逐步實現意見的趨同。

（5）綜合的意見總結。要求主持人能夠提煉綜合各輪討論的意見，以求最終結果。

2. 德爾菲法

德爾菲法是具有廣泛的代表性，較為可靠並具匿名和收斂特性的用以集中眾人智慧預測風險的方法。應用這種方法識別風險時，主要考慮專家意見的傾向性和一致性。當然也要充分考慮專家意見的相對重要性，也就是說由於不同專家的知識結構和對問題的瞭解程度不同，各自意見的重要性也不盡相同。此時可以通過加權系

數來解決。其中需要注意以下問題：

（1）德爾菲法的使用須採用匿名發表意見的方式，即專家之間不得相互討論，不發生橫向聯繫。

（2）應通過多輪次收集調查專家對所提問題的看法，並反覆徵詢、歸納、修改核心內容，最后匯總成基本一致的意見，作為預測和識別風險的依據。

3. 情景分析法

情景分析法是通過有關數字、圖標和曲線等，對未來某個狀態進行詳細地描述分析，從而識別引起系統風險的關鍵因素及其影響程度的一種風險識別方法。它注重說明出現風險的條件和因素以及因素有所變化時，連鎖出現的風險和風險的後果等。一般而言，情景由四個要素構成，即最終狀態、故事情節、驅動力量和邏輯。建設工程項目環境風險情景分析法應用如圖1.2所示。

情景1:建設項目施工過程中會出現空氣汙染，氣候破壞，汙水排出，建築垃圾產生，土地和地下水汙染以及噪音和震動干擾等。為了治理這些環境問題，需要相關人員對其進行運作、維護和服務，上繳一定稅費，購買相應保險，治理過程還依賴於專業的技術、設備和材料等。由此就形成汙染和排放物處理的環境成本。

情景2:為了有效解決環境問題，在建設項目進行過程中，還需要提前做好防護和管理，需要有專門人員進行日常管理和服務工作，並開展相關的環境保護活動，由此產生預防和環境管理的成本。

情景3:建設項目施工裡出現的無效產出(比如說因為設計或操作失誤造成的錯建，誤建和廢建)，實際上是對資源的無效占有，而由此造成的材料、包裝和能源上的浪費就稱為無效產出材料購置的環境成本。

情景4:建設項目施工裡出現的無功效產出(比如說因為設計或操作失誤造成的錯建，誤建和廢建)，對其進行處置，需要耗費專門的人工和設備，這樣的消耗事實上是一種浪費，由此，對無效產出處置的環境成本就出現了。

圖1.2　建設工程項目環境風險情景分析法應用

由圖1.2中可以看到，從環境成本的角度出發，一共形成了四種情景，分別從最終狀態、故事情節、驅動力量和邏輯來描述了建設工程項目環境風險可能形成的成本和造成的損失。這四種成本分別是污染和排放物處理成本、預防和環境管理成本、無功效產出材料購置成本和無功效產出處置成本。通過情景的描述，可以發現

建設工程項目施工過程中可能出現的空氣污染、氣候破壞、污水排出、建築垃圾產生、土地和地下水污染以及噪音和震動干擾等是造成環境被破壞的直接因素，同時無功效產出所造成的對資源的無效佔有和浪費，間接影響了環境。為了防治環境污染，有必要對其進行相關的管理。這些因素的發生是不確定的，但都可能會形成成本的支出，從而帶來損失，所以這些都是環境風險的因素。

4. 事故樹分析法

事故樹分析法又名故障樹分析法，簡稱 FTA，主要以樹狀圖的形式表示所有可能引起主要事件發生的次要事件，揭示風險因素的聚集過程和個別風險事件組合可能形成的潛在風險事件。事故樹分析法是從結果到原因找到與事件損失有關的各因素之間的因果關係和邏輯關係的作圖分析法，是一種執果索因的思維方式。

編製事故樹通常採用演繹分析的方法，把不希望發生的且需要研究的事件作為「頂上事件」放在第一層，找出「頂上事件」發生的所有直接原因事故，列為第二層。如此層層向下，直至最基本的原因事件為止。同一層次的風險因素用「門」與上一層次的風險事件相連接。「門」存在「與門」和「或門」兩種邏輯關係。建設工程項目調度風險的事故樹方法分析應用如圖 1.3 所示。

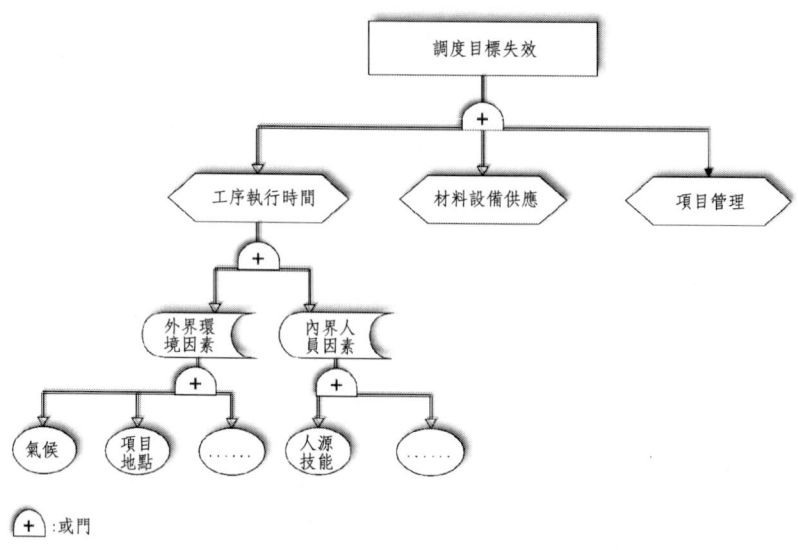

圖 1.3　建設工程項目調度風險的事故樹分析法應用

由圖 1.3 可以看到，如果調度安排的目標沒有實現，出現了調度目標失效的情況，那麼通過對整個項目系統的分析，可以逐步確定出事件發生的原因以及發生的邏輯關係。同時，可以確定調度目標失效為我們討論的頂上事件，因為它的出現有一定的可能且會造成不良的后果。接下來，通過演繹分析，可以考慮造成此事件的直接原因為工序執行時間沒能達標、材料設備供應出現了問題、項目管理不當。這些因素與頂上事件是用「或門」連接，表明因素之間是「或」的關係，即是說如果這些因素之間有一個發生了，頂上事件就能發生。在這些直接因素當中，導致調度目標失效的最為關鍵的因素就是各個工序的執行時間，正是因為各個工序的相繼完成，最終才能在目標要求的時間內完成整個項目。可以看到，影響各工序執行時間的因素主要有兩個方面：一為外界環境因素，二為內部人員因素。這兩個方面同樣也是「或」的關係，也就是說，它們都有可能造成工序執行時間超出預定範圍。具體來說，一方面外界環境可能包含有氣候、項目地點環境和其他的一些因素，當然每種因素都有引發外界環境出現意外問題的可能。而內部人員因素可能是因為人員技能的欠缺等原因出現操作上的失誤。可以看到導致工序完成時間超標的因素有很多，而且具有層次性，任何一層或者一個因素出現問題，都能致使工序無法按期完成，進而影響調度安排目標的實現。另一方面，材料設備的供應不足或者供應不及時也會影響調度目標的完成，這一點主要是由於採購的環節出現了問題。關於管理方面可能出現的問題，實質上就是項目人員方面的問題，這一點在工序執行時間上也有所體現，而對於調度目標失效出現原因的討論，應該從其最為主要和關鍵的因素出發來把握。可以發現，在調度安排中出現了意外事故，致使目標沒法實現時，主要是因為工序執行時間這個關鍵因素出現了問題，也就是說調度風險的主要來源因素即為工序執行時間。當然這樣一個風險因素的來源可能有多個方面，有多種風險源都可能造成調度風險的出現。那麼對於調度風險的損失控制，就應該從控制工序執行時間這個因素出發。

5. 事件樹分析法

事件樹分析法是一種從原因到結果的過程分析，簡稱 ETA，可以說是和事故樹分析法相匹配的逆向思維模式。它利用邏輯思維的規律和形式，分析事故的起因、發展和結果的整個過程，分析引發風險事故的各環節事件是否能夠出現，從而預測可能出

現的各種結果。主要通過確定或尋找可能導致系統重要后果的初因事件，再進行分類，構造事件樹，通過進行事件樹的簡化和事件序列的定量化來完成對風險的識別。

利用事件樹來分析事故，不但可以掌握事故過程規律，還可以識別導致事故的危險源。建設工程項目地震風險的事件樹分析應用如圖1.4所示。

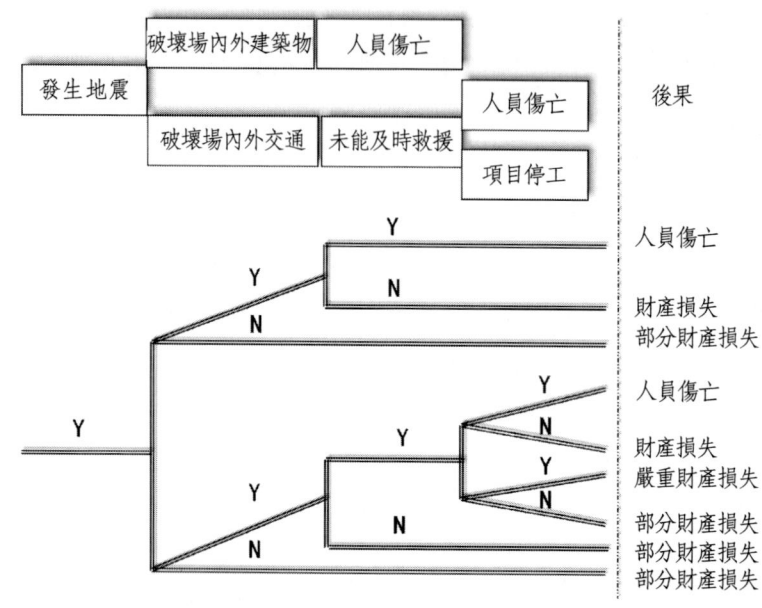

圖1.4　建設工程項目地震風險的事件樹分析應用

地震風險最為可怕之處在於其對地面建築結構的破壞，這樣的破壞不僅僅帶來經濟損失，更為嚴重的是會造成建築結構內部和周邊人員的人身傷害。從圖1.4可以看到當建設工程項目遭遇地震時，最為直接的影響就是會對項目場內外建築物和交通網路設施造成破壞，由此不僅會引發人員傷亡和財產損失，更令人擔憂的是，如果一旦建設工程項目的場內外交通被破壞，將嚴重影響震后的救援行動。這樣的影響一方面體現在因為救援行動的滯后，傷員得不到及時的救治導致病情加重，同時后續而來的余震還有可能引發更多的傷亡。當然，如果災害同時造成了空氣、水和土地等資源的破壞污染，還有可能會引起大面積的疫病災害，使得本身就傷痕累累的震區面臨更加嚴峻的考驗。另一方面體現在，建設工程項目，尤其是國家和地區的重點大型建設工程項目，如果震后救災不及時，就會造成一些基礎性的設施、設備和材料等得不到搶修和補充，這將直接導致項目無法盡快恢復施工，產生不可

預計的嚴重損失。因此，地震對建設工程項目造成損害，最直接的表現就是破壞。地震所帶來的破壞具有嚴重的后果，而且由於地震的難以預測性，加之不同的建築結構在遭遇地震時，抗震能力的不同，其破壞的程度也不盡相同，所以破壞有著很強的不確定性。由此，可以把破壞識別為地震風險最為重要的風險因素之一。

6. 工作風險分解法

工作風險分解法又稱 WBS-RBS 法，是將工作分解構成 WBS 樹，將風險分解形成 RBS 樹，然后將工作分解樹和風險分解樹進行交叉，從而得到 WBS-RBS 矩陣來進行風險識別的方法。它的研究和應用很廣泛，尤其是在風險識別中應用尤為悠久和普遍。用 WBS-RBS 法識別風險，首先要進行工作分解，這主要是根據風險主體與子部分以及子部分之間的結構關係和工作流程來進行的。建設工程項目採購風險的工作風險分解法分析應用如圖 1.5 所示。

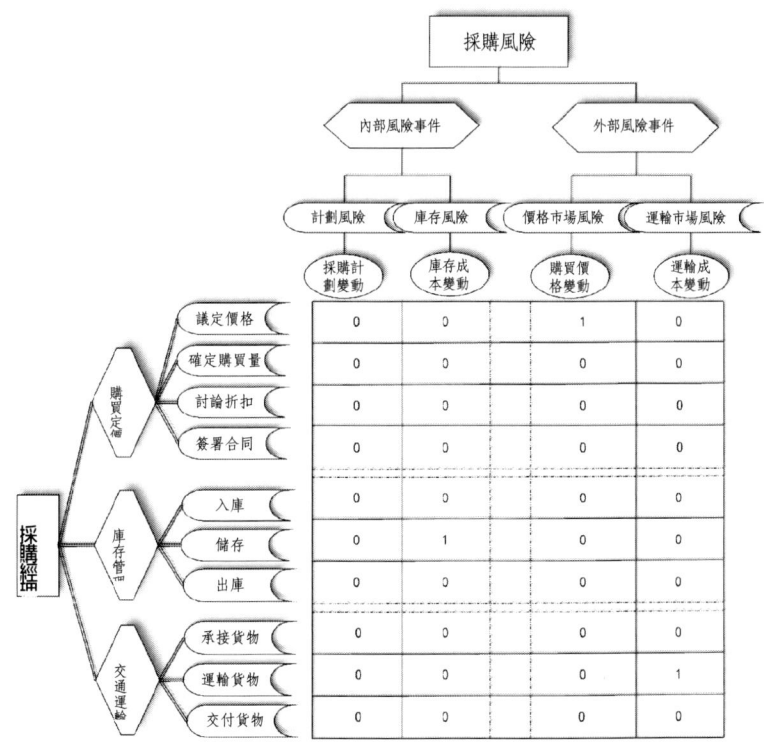

圖1.5　建設工程項目採購風險的工作風險分解法分析應用

可以從建設工程項目採購風險的 WBS-RBS 識別矩陣判斷，採購風險最主要的風險因素在於購買價格變動、庫存成本變動和運輸成本變動。

通過各種風險識別方法的使用，可以有效地對主要風險因素進行識別，為進一步的風險評估提供依據，並據此提出相應的風險管理手段。在前面的分析中，本書分別以典型的建設工程項目為示例，展示了有針對性的風險識別方法的應用，並識別出環境風險、調度風險、地震風險和採購風險。為了進一步明確這些風險的性質，通常情況下，還需基於各風險的主要因素詳細分析其風險類型，以便於進行風險的估計。一般來講，風險的類型分為確定型和不確定型，而根據風險不確定性的主要體現形式不同，又可細分為隨機型不確定和模糊型不確定。確定型風險是指那些很有可能出現的風險，基本上可以視為是確定發生的，而其后果可以依靠精確、可靠的信息資料來預測。隨機型不確定風險是指，不但它們出現的各種狀態已知，而且這些狀態發生的概率（可能性大小）也已知的風險。而模糊型不確定風險是指那些出現概念難以確定，在質上沒有明確含義，在量上沒有明確界限的風險。下面就示例中出現的幾種風險進行必要分析，得出各風險的風險類型。

（1）調度風險

通過分析知道，在調度風險中最為重要的因素就是工序執行時間。根據 Mulholland 和 Christian 的文章，在建設工程項目的調度安排之中，有很多的風險來源和因素，其中最為常見和重要的就是項目工序執行時間。這主要是因為在項目初期的計劃安排中，往往無法清楚地估量項目各階段所需的用時，也沒法觀察到各階段的相互影響。因此，在建設工程項目工序執行時間的不確定性上，有很多相關的研究理論湧現出來。建設工程項目是充滿風險的，大量氣候環境、人員技能、場地環境、材料設備和管理等方面的原因所導致的不確定性遍布在項目的整個過程當中。這些因素都可能影響項目工序的執行乃至整個項目的工期。在本文的討論中不確定的項目工序執行時間是形成建設工程項目調度風險的最主要因素。

通過文獻的描述，我們可以知道，一般情況下，對於不確定的項目工序執行時間，人們通常將其觀察為隨機變量，使用相關的隨機理論來討論和處理它。隨機變量用來表示隨機現象，即是在一定條件下，並不總是出現相同結果的現象的一切可能出現的結果的變量。這一點是很容易理解的，比如說一個項目工序的執行可能因

為氣候原因，例如雨雪、冰雹和雷電等造成暫時擱置和停止，而這些氣候現象的出現是隨機的，因此導致了工序執行時間的隨機性。

作為調度風險的最主要風險因素，項目工序執行時間具有隨機性，因此可以用它來描述出調度風險的風險類型，即是說調度風險是隨機型的風險。

（2）採購風險

建設工程項目的採購環節涉及購買定價、庫存管理和交通運輸等一系列的工作，在各個工作任務中又有可能會出現很多的不確定性。在 Mulholland 和 Christian 的文章中提到，採購中的不確定性是另外一個建設工程項目中常見的風險來源。在以往的研究中，Taleizadeh 等人討論了材料採購中的不確定因素。對於項目採購而言，事實上，在採購徹底完成之前，採購經理都無法準確地把握供應商的行為。所以很難用已知的數據來準確描述整個採購過程，這就導致了不確定的發生，從而引發了風險。因此，在本書中，根據實際採購當中的不確定性，將那些採購裡所涉及的不確定因素（例如購買價格變動、庫存價格變動和運輸價格變動等）視為採購風險的風險因素。

由於採購過程中缺乏足夠的數據來分析其詳細過程，那些難以用已知的數據來描述的因素，導致了整個採購環節處於不確定、不清楚或者不清晰的狀態。這樣的情形通常被描述為「模糊」的。在以往的研究中，採購中所涉及的不確定因素通常被考慮為模糊的，用模糊變量來描述，並採用相關的模糊理論來處理。模糊變量是基於模糊集理論提出的，是用來描述模糊現象的。這一點我們可以這樣來理解。比如說在採購中，價格的變動通常是無法準確描述的，像「價格可能會漲到 100 元以上」「購買價不會超過 60 元」，這些描述都是模糊的，所以說採購環節中的不確定因素具有模糊性。

由於採購風險是因為各個不確定因素導致的，那麼根據這些不確定因素的性質，可以說採購風險是模糊不確定型的風險。

（3）地震風險

地震對建設工程項目造成的最為直接的影響就是破壞，地震對項目中建築物和交通網路設施的結構破壞是地震風險的重要因素。根據 Liu 等人的文章，對於一個出現的地震，一方面可以通過先進的結構分析技術和方法來測評其對建築設施結構

的破壞程度，通常將這樣的破壞分為五個程度等級；另一方面，地震學的學者也對地震的發生概率盡量做出了一定程度上的預測。基於地震結構工程學和預測學的成果，結合兩個領域的現有研究，Liu 等人給出了一個綜合的對於地震破壞程度的預測描述。為了簡單方便地討論，他們同樣將地震對於建築結構的破壞分為了五個等級，分別對應於沒有破壞到完全毀壞的程度，而且每個破壞的等級都有相應的發生概率。然后，在現實中，預測結果往往沒有這麼簡單直白，破壞所屬的等級經常沒法通過簡單的界定來準確描述其程度。比如說可能存在這樣的說法：「對房屋或橋樑的可能破壞大概是屬於第 3 級的。」這樣的描述就是說，一個有著清晰概率分佈的隨機變量，它的觀測結果是不清楚的。這樣的不確定性是一種重複的複合不確定情況。因此，採用地震對建築結構的複合不確定性破壞來作為地震風險的風險因素。

對於複合不確定的地震破壞，可以用模糊隨機變量來描述。模糊隨機變量是一種常用來描述複合不確定性的數學變量，是一種複合了模糊和隨機兩種的不確定性。關於它的理論研究有很多，且在很多的領域都已得到了廣泛的應用。建設工程項目地震災害中，對於建築結構的破壞能用模糊隨機變量來描述的原因，可以通過圖 1.6 的描述來詳細解釋。

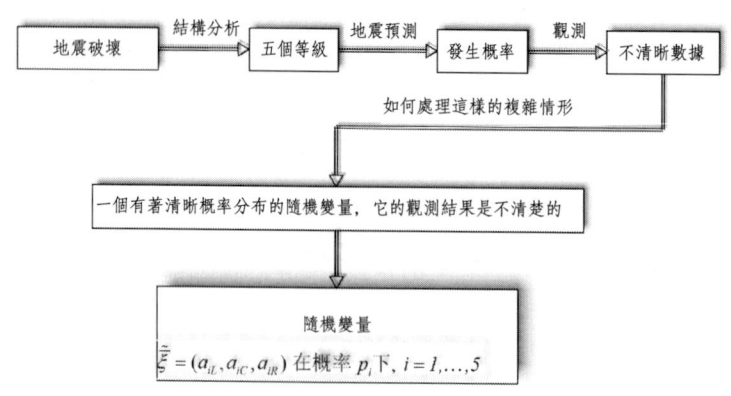

圖 1.6　模糊隨機地震破壞程度

由上圖看到，可以用模糊隨機變量來描述建設工程項目中地震災害對建築結構（包括項目場內外建築物和交通網路設施）的破壞程度。也就是說，針對某個特定的地震區域，可以通過對相關數據的統計分析，得出各類建築結構遭受地震破壞可

能出現的程度等級以及相應的概率規律，再進一步探討這個破壞等級觀測結果的模糊性。這樣的一種描述類似於 Shapiro 文中關於機動車撞擊毀壞的描述，可以用如下的式子來表達：

$$\tilde{\bar{\xi}} = (a_{iL}, a_{iC}, a_{iR})（在概率 p_i 下，i = 1, \cdots, 5）$$

由於地震對建築結構的破壞是地震風險的重要因素，所以通過對它的分析可得到地震風險的風險類型是模糊隨機不確定型。

（4）環境風險

同地震對建築結構造成的破壞類似，建設工程項目對環境破壞的程度也常常用五個等級來劃分，分別描述的是從基本無破壞到嚴重破壞的程度。對於某種特定的建設工程項目，由於其建設施工的特徵，對環境造成破壞的等級可能呈現出一定的規律性。也就是說，可以根據以往同類建設工程項目的歷史數據預測出可能造成的環境破壞等級以及相應的概率規律。類似地，預測結果往往沒有這麼簡單直白，破壞所屬的等級經常沒法通過簡單的界定來準確描述其程度，例如，「該建設工程項目造成的可能環境破壞大概是屬於第 IV 級的」。也就是說，一個有著清晰概率分佈的隨機變量，它的觀測結果是不清楚的。這樣的不確定性是一種重複的複合不確定情況。因此，可以採用項目對環境的複合不確定性破壞來綜合描述環境風險。當然也可以用模糊隨機變量來表現這樣的複合不確定性。

由於環境破壞程度與地震破壞程度的複合不確定性類似，所以在這裡就不再對其具體的成因和變量描述進行贅述。由此也可以得到，環境風險是一種模糊隨機不確定型的風險。

為了方便下一步的風險評估和風險損失控制建模，在對調度風險、採購風險、地震風險和環境風險的風險型分析的基礎上，還應該對風險進行表示，即是用數學的語言對它們的不確定性進行定義，以規範操作和使用。

（1）調度風險

因為對建設工程項目調度安排建模將採用數學規劃的形式來進行，那麼對於隨機的項目工序執行時間自然要用以數學語言表達的隨機變量來表示。同時由於近年來對項目調度的討論，一般都要考慮多個執行模式的情況。也就是說，項目中的各個工序會有多個不同的執行模式，對應於多個不同的執行時間。比如說，如果項目時間比較緊迫，各工序可能需要加緊實施，那麼這個時候的執行時間可能就會比較

短；相反，如果項目時間充裕，那麼工序的執行時間就會相對較長。由此我們根據建設工程項目風險的性質結合所討論實際情況可以定義建設工程項目調度風險的不確定性如下（用風險因素——項目工序執行時間來反應）：

【定義 1.1】如果建設工程項目調度安排中，工序 i, $i \in \{1, 2, \cdots, I\}$ 在模式 j, $j \in \{1, 2, \cdots, J\}$ 下的執行時間為 ξ_{ij}，那麼 ξ_{ij} 就是建設工程項目調度風險的不確定性。

（2）採購風險

建設工程項目採購環節中的風險因素通過風險識別已確定為購買價格變動、庫存成本變動和運輸成本變動。在本書的討論中，對於建設工程項目的採購環節只考慮需要定期採購的材料，至於需要在項目開始時就購置妥當，並長期使用的設備資源等，將在后面的風險損失控制建模中另行討論，並將它們的購置成本等考慮到模型當中去。通過分析可以知道它們都可以用模糊變量來描述，那麼用數學語言表達出來可以為：

$$\tilde{a} = (\tilde{ra}, \tilde{cc}, \tilde{ct})$$

$\tilde{ra}$：購買價格變動

$\tilde{cc}$：庫存成本變動

$\tilde{ct}$：運輸成本變動

那麼可以定義建設工程項目採購風險的不確定性如下（用風險因素——購買價格變動、庫存成本變動和運輸成本變動來反應）：

【定義 1.2】如果建設工程項目採購環節中，用 $\tilde{a} = (\tilde{ra}, \tilde{cc}, \tilde{ct})$ 來分別表示購買價格變動、庫存成本變動和運輸成本變動，於是，我們根據建設工程項目風險的性質結合所討論的實際情況，可知 $\tilde{a}$ 就是建設工程項目採購風險的不確定性。

（3）地震風險

建設工程項目中，地震對建築結構的破壞被識別為地震風險的風險因素。在之前的分析中已經提到，可以用模糊隨機變量來描述這個風險因素，可以表示為，這是一個複合了模糊和隨機的不確定因素。具體來講，這個模糊隨機變量為為 $\tilde{\xi}_a = (a_{iL}, a_{iC}, a_{iR})$ 在概率 p_i 下，其中 $i = 1, \cdots, 5$。那麼可以定義建設工程項目地震風險的不確定性為，用風險因素——地震破壞程度反應。

【定義 1.3】如果建設工程項目面臨地震災害威脅時，預測地震對於其場內外建築物和交通網路設施的破壞程度為 $\tilde{\xi}$，那麼根據建設工程項目風險的性質結合所討

論實際情況，$\tilde{\xi}$ 就是建設工程項目地震風險的不確定性。

為了方便理解這樣一個模糊隨機的建設工程項目地震風險不確定性，此處用一個例子來說明。對於一個建設工程項目的交通網路來說：一方面，地震對其可能造成的破壞分為 1、2、3、4、5 五個等級，分別表示從無破壞到完全毀壞的不同程度，它們都有相應的概率規律。另一方面，對於這些等級的觀測結果可能是不清楚的，比如「大概為1」，「大概為3」等。如圖 1.7，考慮這些模糊的表述用三角模糊集合來描繪，假定，五個破壞等級的概率分別為 0.1、0.2、0.3、0.3、0.1，那麼這樣的模糊隨機變量可以表達如下式：

$$\tilde{\xi}_a = \begin{cases} (0, 1, 2) & \text{with probability } 0.1 \\ (1, 2, 3) & \text{with probability } 0.2 \\ (2, 3, 4) & \text{with probability } 0.3 \\ (3, 4, 5) & \text{with probability } 0.3 \\ (5, 6, 7) & \text{with probability } 0.1 \end{cases}$$

對於這樣的用模糊隨機變量描述的破壞可以用圖 1.7 來形象具體地表示。

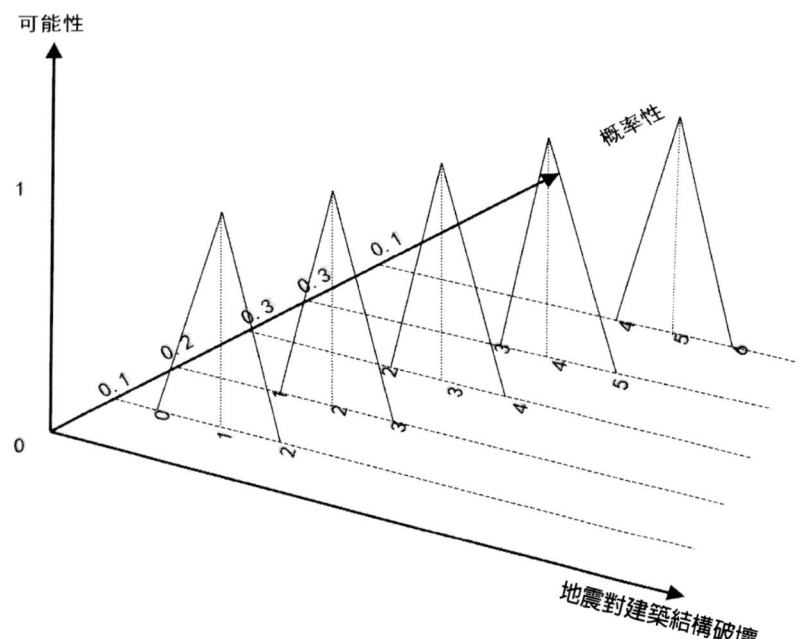

圖 1.7　用模糊隨機變量描述地震破壞程度

（4）環境風險

同地震風險相似，採用建設工程項目對環境的破壞來綜合描述環境風險，當然也可以用模糊隨機變量來表現這樣的複合不確定性。那麼可以定義建設工程項目環境風險的不確定性如下（用風險因素——建設工程項目對環境的破壞程度來反應）。

【定義 1.4】在建設工程項目中，如果其對環境的破壞程度用模糊隨機變量 $\tilde{\zeta}$ 來表示。由此，我們根據建設工程項目風險的性質結合所討論實際情況，$\tilde{\zeta}$ 就是建設工程項目環境風險的不確定性。

二、風險評估

在被識別確認風險之后，就要進一步進行風險評估。風險評估就是要對識別出來的風險進行衡量和評價，為給之后的風險管理決策提供服務，從而將系統的風險損害減緩至最低並將其控制在可接受的範圍內。

風險識別是整個風險管理的基礎，它可以定性地辨別出潛在的風險，但僅僅這樣是遠遠不夠的，除了要知道風險的存在和其載體，進一步對其發生的可能性以及一旦發生可能造成的影響進行把握是非常重要且必要的。這就需要通過風險評估來完成，風險評估是風險管理量化和深化的過程，它是不可或缺的環節。

具體來講，風險管理中的評估程序就是要在過去損失資料分析的基礎上，運用概率論、數理統計方法和相關的不確定理論，對某一或某些特定的風險事故發生的規律和若風險事故真的不可避免地發生之后可能造成的損害和影響進行定量分析。風險評估主要包括風險估計和風險評價兩個部分，常用的方法主要有針對隨機不確定型、模糊不確定型、混合及複合不確定型風險的估計方法，如層次分析法、模糊綜合評價法、人工神經網路、因子分析法及綜合各類方法的風險評價方法。下面將示例風險評估方法在建設工程項目風險管理中的綜合應用。

1. 隨機工序執行時間

建設工程項目面臨著很多的不確定性，風險眾多，其中調度風險作為其基礎環節中所涉及的風險，對它的討論有著重要的實踐意義。在對調度風險的識別中，可以知道其主要的風險因素是項目工序的執行時間。這個因素通過分析可以明確具有隨機的不確定性，在文獻中常用隨機變量來描述，並採用相關的隨機理論來處理。

在這裡對隨機項目工序執行時間的估計，使用的數據來自后面章節中的以溪洛渡水電站大型建設工程項目廠房工程為例的應用中。在這個項目中，需要進行調度安排的共有 18 個工序（其中不包含另外兩個用於輔助分析的虛擬工序）。

對於隨機型的風險，用於估計的方法很多，關鍵在於針對具體的問題選擇合適的方法。建設工程項目中隨機型的調度風險主要是通過隨機的項目工序執行時間來體現。對於這個用隨機變量來定義表示的不確定性因素，參照隨機變量通用的參數估計和假設檢驗的方法來進行估計，具體步驟如下：

（1）收集相關的歷史數據。
（2）對數據進行描述性統計分析，得出其基本的統計特徵。
（3）檢查數據分佈規律，這裡主要採用正態分佈的 K-S 檢驗。
（4）利用點估計來估計分佈的參數。
（5）使用假設檢驗檢測證明數據服從正態分佈的合理性。

詳細的關於隨機項目工序執行時間的信息在附錄表 1.1a 和表 1.1b 中有所體現，包括了各項目工序執行時間歷史數據的描述性統計分析特徵，均值、標準差的點估計，假設檢驗和最終得到的正態分佈規律。

附錄表 1.1a 和表 1.1b 中的所有隨機變量分佈情況的分析都是源自 30 個樣本數據。對樣本數據進行描述性統計分析，得到包括斜度、峰度以及柱狀圖在內描述性統計特徵結果，通過這些統計特徵可以假定項目工序執行時間是服從正態分佈的，所以接下來，就需要通過 K-S 來看這些數據是否能通過正態分佈的檢驗，驗證其服從於正態分佈這個假設的合理性。在合理性得到驗證后，就要進一步對正態分佈的參數進行估計，並做出假設檢驗，最終得到可使用的隨機項目工序執行時間的正態分佈規律。由於時間在本書的討論中具體是指「天」，這是一個整數，所以最后得到的正態分佈規律中的參數也是整數形式。

建設工程項目調度風險最重要的風險因素在於隨機的項目工序執行時間。正是這樣的不確定性使得項目面臨著可能無法達到預定目標的情況，遭受延工、違約等損失。不確定的項目工序執行時間對於建設工程項目的威脅主要體現在兩個方面：影響整個項目工期、引起材料定期採購計劃的變動。

一方面，項目工序時間的不確定性對於整個項目工期的影響，比較容易理解。

一個完整項目的竣工，是通過各個子項目的完成來實現的，而各子項目又由諸多前後相接、互相影響的工序組成。也就是說對於一個建設工程項目的工期而言，工序的完成是其基礎，一旦在這方面出現了計劃之外的情形，尤其是一些由於外界不可抗力帶來的意外，就將嚴重影響項目的如期竣工，即便是在后期加工趕點，有時候也難以實現目標。因此，控制項目中各工序的執行時間，使其處於一個可接受的範圍內，才能為施工的順利進行、項目的按時交付提供保障。

另一方面，在每個工序的執行期內，工序執行都會涉及材料、設備的使用，它們是伴隨著各工序的施工而提供的。如果工序的執行時間出現了意外的變化，可想而知，所需的材料就可能會出現供應不足，設備的作業時間可能出現因為滿檔而無法進場，或者空檔閒置耗費成本。這些都會進一步影響項目的目標實現。當然由於建設工程項目工序執行時間的變動，還會不可避免地影響材料的定期採購計劃，引發更多的連鎖反應，這就是為什麼討論中需要將建設工程項目調度風險和採購風險的損失控制綜合到一起考慮的根本原因。

綜上所述，由於不確定的項目工序執行時間會分別從直接和間接的方面給整個建設工程項目的實施目標造成很大程度的影響。加之在之前的風險不確定性估計中，可以看到，雖然我們可以通過歷史數據推測出各工序執行時間的分佈規律，但這中間的變動依然存在；同時，一個項目由諸多的工序組成，一旦多個甚至全部的工序均有意外的變動，那麼造成的重疊效應可能是無法估計的。因此非常有必要採用一定的控制措施來減緩風險從而盡量降低可能造成的損失。

2. 模糊採購影響因素

建設工程項目中另一個基礎環節的風險就是採購風險。我們通過風險的識別，知道採購風險中主要因素在於購買價格變動、庫存價格變動和運輸價格變動，這些不確定因素在實際的採購行為中表現出模糊的特性，所以用模糊變量來描述它們，由此，也把採購風險認為是模糊不確定型的風險。在這裡對模糊採購因素的估計，使用的數據同樣來自后面章節中的以溪洛渡水電站大型建設工程項目廠房工程為例的應用。在這個項目中，共涉及七種需要定期採購的材料：水泥、鋼材、油漆、橡膠板、木材、砂石料和其他材料。因為一些項目施工所需要的大型設備及能源如車輛、挖掘機、柴油、水電等是長期使用，在項目的伊始就已購置好，因此不存在定

期採購的問題。在后面的風險損失控制建模中也會就這些設備資源的購置費用進行討論並考慮到整個的模型中去。

對於模糊不確定型的風險，根據模糊數，具體以三角模糊數的特性對其進行估計。步驟如下：

（1）收集歷史數據。
（2）統計數據的最大值、最小值和平均值。
（3）將最大值作為模糊數的上邊界參數。
（4）將最小值作為模糊數的下邊界參數。
（5）將平均值作為模糊數的中間參數。

所有的模糊數的分析都是源自 30 個樣本數據，通過對樣本數據的最大值、最小值和平均值的統計，可以得出模糊隨機變量的隸屬度函數。詳細的關於模糊採購因素的具體信息如附錄表 1.2 所示。

通過對建設工程項目採購風險的識別和估計，我們看到其風險的主要因素在於購買價格變動、庫存成本變動和運輸成本變動。這些不確定的因素將直接影響整個採購的成本，一旦出現意外的狀況，所帶來的損失將是人們所不願接受的。

購買價格的變動引起的採購成本的變化主要在於其定價環節。在採購中，採購經理和供應商會就具體的材料議定價格、購買量並簽署採購合同，同時也會基於對材料價格市場變動的預期，給出一個大概的購買價格變動。因為是由預期給出的結果，自然也無法準確地對其進行描述。同樣地，由於在倉庫中儲存的材料量處於一個不斷購進、使用的反覆變化狀態中，那麼相應的庫存成本也會出現不可避免的變動，因此這種情況下庫存成本也是難以準確表示的。對於運輸成本而言，不斷變化的運輸市場行情，勢必使價格處於變動狀態，人們通常也只能對運輸的費用給出一個大致的估計。以上描述的建設工程項目採購環節中的各個不確定因素都會對最終的採購成本造成影響，小到出現採購計劃的實施受阻，大到出現項目採購的資金鏈斷裂，甚至對項目的施工過程造成影響，導致因為材料供應的不足、不及時，而引起項目擱置、工程停工等嚴重的后果。

所以，建設工程項目採購環節中出現的不確定因素很有可能對項目的材料供應乃至項目的施工進度造成很大的影響，因此必須對其採取必要的控制手段，盡量減

少採購風險所帶來的影響和損失。

3. 模糊隨機地震破壞

通過對建設工程項目地震風險的識別和分析，知道地震對於建築結構的破壞，包括項目場內外建築物破壞和交通網路設施破壞，是其風險的主要因素。而這種破壞程度有著重複地融合了模糊和隨機兩種不確定性的複合不確定性。書中使用模糊隨機變量來描述這樣的地震破壞，另外由於建設工程項目中，地震對於其場內外交通網路設施的破壞具有最為嚴重的后果，不僅僅可能會在地震發生當時造成人員傷亡和財產損失，更有可能影響震后的搶險救災行動，帶來更為嚴重的人員二次傷亡，對於災后重建和建設工程項目的施工恢復也造成阻礙。在后面章節中，會以洛渡水電站大型建設工程項目為例，來討論地震風險對於其交通運輸網路的威脅。在這個例子中，共有29條通路和24個節點，所有的通路又有永久和臨時、關鍵和非關鍵的類型區分。對於模糊隨機變量的討論有很多，用它來描述地震對項目交通網路的破壞，可以參照文獻中提出的方法，並進行一定的改進來估計。詳細步驟如下：

（1）收集數據並將其分為幾組。

（2）統計各組數據的最大值作為模糊數的上邊界參數。

（3）統計各組數據的最小值作為模糊數的下邊界參數。

（4）對各組數據的平均值進行描述性統計分析。

（5）檢查分佈規律（這裡主要採用正態分佈的 K-S 檢驗）。

（6）利用點估計來估計分佈的參數。

（7）使用假設檢驗檢測證明數據服從正態分佈的合理性。

（8）最后，根據以上的分析結果構成模糊隨機變量$(a, \varphi(w), b)$，這與之前定義的$\tilde{\xi} = (a_{iL}, a_{iC}, a_{iR})$是同一模糊隨機變量的不同表達形式。

詳細的關於建設工程項目對交通網路破壞的具體信息如附錄表 1.3a 和表 1.3b 所示。由於對建設工程項目交通網路而言，不同類型的通路在遭遇地震災害時，可能受到的破壞也不盡相同，比如說永久且關鍵的通路，其本身在修建的時候，質量上就較之那些臨時修築且有可能在項目竣工后拆除的道路要好，因此，會用多個不同的模糊隨機變量來描述。當然，討論中將同一項目類型相同的通路視為有同樣的破壞分佈規律，暫不考慮一個項目可能由於分佈過廣而造成地域差異的情況。

地震風險對於建設工程項目的影響主要體現在它對項目建築結構的破壞上，主要包括項目場內外的建築物和交通網路設施。

地震的破壞和地震風險對於建設工程項目的威脅是不言而喻的。作為一種災難性的不可抗力量，地震已經給人類的社會經濟生活帶來了太多的影響和損害。建設工程項目中舉足輕重的交通網路設施，可以說對整個項目都起到了命脈般的作用。在平時，交通的順暢使各類人員、物資和設備能夠及時送達相應的場地，這是使工程施工能夠順利進行的保障。而一旦遭遇地震災害，人力和物力能否能在第一時間到達災區，及時投入搶險救災當中，盡力挽救人民的生命和財產，完全依賴道路的通順。而很多情況下，在發生地震災害時，道路系統卻是首先被破壞的，由此引發的慘劇比比皆是。特別是對於建設工程項目而言，尤其是有著重大經濟意義的國家大型項目諸如電站、水壩和核工業項目，它們所處的地域通常都會比較偏遠，這是由於建設工程項目尤其是大型的項目都會選址在離城鎮和人群聚居地有一定距離的地方，以盡量避免建設施工給人們的日常生活帶來過多的干擾和影響。這些地方在地質地貌上都會比較重複，尤易遭受意外的地質災害或者在災害發生時受到比較大的破壞。又因為遠離城鎮，如果一旦項目所在地域有地震發生了，由距離導致的救災難度就可想而知，若再加之交通網路的破壞，那麼無疑是雪上加霜。而且除了人員傷亡和財產損失外，如果因為交通設施遭受地震的嚴重破壞，那麼想要盡快恢復項目施工幾乎是不可能的，由此引發的后續損失和影響將會更加嚴重和長久。

因此，由於建設工程項目所在地域更加易發地震災害，特別是進入 21 世紀以來，地殼活動愈加頻繁，加之地震風險存在的嚴重威脅，人們對於地震破壞的控制和預防勢在必行。

4. 模糊隨機環境破壞

通過對建設工程項目環境風險的識別和分析，同地震風險類似，建設工程項目對周邊環境的破壞所帶來的風險威脅，也具有重複的複合不確定性，也可以由模糊隨機變量來描述。同樣地，以溪洛渡水電站大型建設工程項目為例來討論，參照文獻中提出的方法，並進行了一定的改進來估計，詳細的步驟參看之前的地震風險估計，所使用的數據也均是來自應用實例。具體的建設工程項目環境破壞信息如附錄表 1.4 所示。

保護環境、治污防污不是現今才提出的問題，環境破壞的威脅紛紛擾擾地影響人類正常的社會經濟生活，而且這種威脅已持續了很長的時間。尤其在近些年，這個問題更是成為人們討論的熱點。建設工程項目的施工過程中涉及大量的空氣污染，污水、廢水的排放，建築垃圾的堆積以及隨之而來的土壤和地下水資源的破壞，還有對人們正常生活造成干擾的噪音都會帶來嚴重的后果，而這些后果都是人們所不想見到和面對的。

　　正是因為建設工程項目對於環境破壞的不確定性和隨之而來的不良后果，把握並控制環境風險已成為一種必需。

三、風險管理決策

　　風險管理就是要通過風險識別、風險評估以及有效風險管理方案的實施，實現管理的目標和宗旨。因此制訂科學的總體方案和行動措施就顯得尤為重要。通常來講，方案不可能只擬訂一種，往往是需要進行多方案的比較篩選，選擇最滿意的一個，必要的時候還要做好備選方案，基於選定的風險管理方案進一步採取一系列的處置手段。整個風險決策的基本程序可以參考圖1.8所示。

　　綜合筆者研究並結合文獻，常見的風險管理方法有：

　　1. 風險迴避

　　中斷風險源，遏制風險事件發生。比如在一個人口密集和生態環境良好的地區建設化工廠，會導致環境風險和社會風險，此時選擇放棄原有方案，實施其他備選方案，在其他適合的地區建廠，就是做的風險迴避的處置方法。但是有時候放棄承擔風險意味著可能放棄某些機會，因此風險迴避是消極的風險處理方式。

　　2. 風險自留

　　將風險保留在風險管理主體內部，通過控制措施化解風險或者做好預備措施承擔風險的可能不良后果。當風險無法迴避和轉移時，被動地將風險留下來，屬於被動自留；如果經評估確認風險程度較小，對總體不會造成太大的影響，於是保留風險，屬於主動自留。決定是否保留風險前一定要準確把握風險，綜合考慮多方面的影響因素。

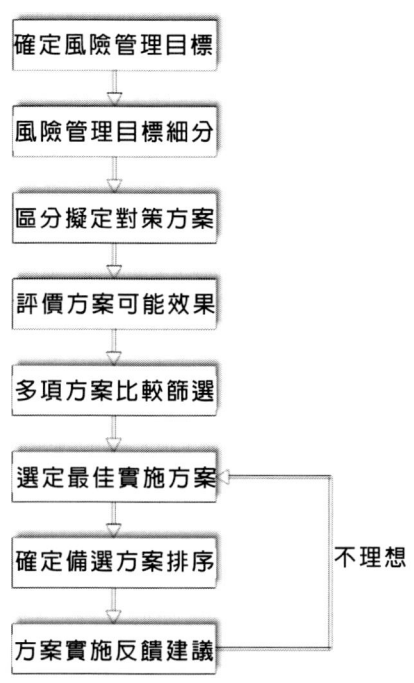

圖 1.8 風險決策的基本程序

風險自留必符合以下條件之一：
（1）自留費用低於保險公司所收取的費用。
（2）企業的期望損失低於保險人的估計。
（3）企業有較多的風險單位。
（4）企業的最大潛在損失或最大期望損失較小。
（5）短期內企業有承受最大潛在損失或最大期望損失的經濟能力。
（6）風險管理的目標可以承受年度損失的重大差異。
（7）費用和損失支付花費了很長時間，因而導致很大的機會成本。
（8）投資機會很好。
（9）內部服務或非保險人服務優良。
3. 風險轉移
通過一定的途徑將風險轉嫁給其他承擔者。常見的轉移途徑有設置保護性合同

條款、擔保和保險等。

(1) 設定保護性合同條款。

在三種轉移途徑中，利用合同的保護性條款降低或規避某些風險的轉移成本相對較低。工程擔保和保險需要向被轉移者支付一定的風險保障費用，而設置保護性條款的轉移費用支出是隱性的，不必直接支付轉移費用。通過合理設置合同的保護性條款來轉嫁風險的成本包括損失發生后的處理成本和合同履行成本，這裡的合同履行成本是由於合同設置了保護性條款，合同的履行變得重複后，由此而增加的成本。

(2) 擔保。

擔保是將風險轉移給第三方的重要途徑。擔保分為信用擔保和財產擔保。信用擔保是以人擔保債權的實現。財產擔保是以財產保證債權的實現，包括抵押擔保、質押擔保和留置擔保。

(3) 保險。

保險是借助第三方來轉移風險，同其他風險方式相比，保險轉嫁風險的效率是比較高的。國外企業採取保險來轉移風險非常普遍，但從國內的實際投保情況看，投保比率並不高，其中的原因是多方面的。對於投保方而言，保險的風險轉移成本主要是保險費，屬於顯性的費用支出。與其他風險處理方式相比，保險的風險轉移成本相對較高。保險可以分散的風險屬性表現為可轉移性和經濟性。可轉移性即是風險可以通過投保轉給保險公司，經濟性指標的保險責任範圍和保險金額等要素所提供的保障程度要與保費、免費額和賠償額等支出要素權衡，保險支出和保險利得相當。保險可化解的風險範圍很廣，一般是在遵循保險法規的前提下，由保險雙方商定，最終以雙方簽訂的保險合同所列保險項目和保險責任為準。

4. 風險控制

風險控制是通過制訂計劃和採取措施降低產生經濟和社會損失的可能性，或者減少實際的損失。這是一種面對風險積極應對的舉措，而不是消極的放棄風險。控制中，通常包括事前、事中和事后三個階段。事前控制的目的主要是為了降低損失的概率，事中和事后的控制主要是為了減少實際發生的損失。其中，損失控制一般採用預防和抑制的手段，損失預防是為了降低損失發生的頻率，而損失抑制則為了

減少損失的程度。損失控制一般以風險避免和減緩為目標，用於風險總是存在且很難迴避、有些事情總是不能完全控制的情況下。

對風險的控制還需結合必要有效的方法，常見的有損失期望值分析法和效用期望值分析法。

在所有應對風險的方法中，避免風險是最徹底的一種方法，它可以完全消除風險。但是避免風險的方法一般只在理論上奏效。在現實中，避免風險是很難做到的，即使在某種情況下做到了完全避免風險，但是往往伴隨著過高的成本。除了避免風險之外，其他方法都會面臨損失頻繁和損失程度大小的問題，並且也需要花費一定的成本。風險管理決策過程中，由於風險處理手段的多樣性，每一個風險處理方案成本都有所不同。因此，可以用損失模型來描述各種決策方案，反應風險管理的效果。損失期望值分析法是以每種風險管理方案的損失期望值作為決策的依據，即按損失期望值最小作為選擇決策方案的判定標準。其中期望值是概率統計的一個重要概念，期望值也稱均值，是按概率加權計算的變量平均值。

雖然利用損失期望值作為決策的依據選擇風險處理的最佳方案的方法適應範圍較廣，但在有些場合，這樣做顯得很不合理、也不實際，尤其當忽略憂慮成本因素的影響或者憂慮成本額難以確定時更是如此。眾所周知，風險管理決策是由人做出的，那麼決策人的風險、膽略、判斷力、個人偏好等主觀因素不能不對決策產生重大的影響。憂慮成本的討論使得用損失期望值的決策方法更為完善，但憂慮成本既難以確定，也不能完全反應決策者個人的主觀意願及對待風險的態度。效用理論的產生及其在風險管理決策中的應用，則可以較好地幫助人們解決這一問題，同時，研究和探討效用理論的實際作用也可以揭示決策者個人主觀意願及態度對風險管理決策的重大影響。

效用理論是結合經濟學的效用觀念和心理上的主觀概率所形成的一種定性分析理論，由英國經濟學家邊沁於 19 世紀最先提出。他認為決策的最終目的在於追求最大的正效用而避免負效用。后來，伯努利把該理論推廣，認為人們採用某種行動的目的在於追求預期效用的最大化，而非追求最大的金錢期望值。20 世紀中葉，這一理論被進一步推廣，運用於含有風險的決策乃至風險管理決策。20 世紀 60 年代，波琦和迪格隆還提出了一系列損失發生時的效用函數。於是，日益成熟的效用理論

被定性引入不確定性情況下行為方案的選擇，另外，效用理論還被用於保險企業的經營管理，例如制訂費率、確定自留額等，效用理論在風險管理決策中的作用越來越重要。效用分析法就是通過對風險處理方案損失效用的分析進行風險管理決策的方法。

5. 其他

常見的風險處置方法還包括：風險分散——將所面臨的風險損失，人為地分離成許多相互獨立的小單元，從而降低同時和集中損失的概率，以期達到縮小損失幅度的目的；風險合併——把分散的風險集中起來以增強風險承擔能力；風險修正——依據用風險報酬率修正過的項目評價指標，權衡風險和效益兩個方面來決策出更為科學合理的方案。

四、風險管理實施措施

根據風險管理決策的結果，可以提出風險管理的具體措施以指導實際實施。比如損前預防手段，就是基於對風險主要不確定性因素的估計，事先採取相應的辦法來減緩風險、降低損失的方法；再如過程中的風險監控方法，就是對風險進行跟蹤，監視已識別評估的風險和殘餘風險、識別進程中新的風險，並進一步評估、決策和實施措施。

基於風險管理的基本理論，眾多管理和處置方法諸如風險的預防與控制、風險的分散與轉移、風險的自留和保險等在學術研究和實踐應用中被廣泛地討論和採用。近年來，隨著全球經濟活動日趨頻繁和重複，在國際金融危機的威脅下，風險控制（「風控」）越來越為理論研究者和實踐應用者所重視。在風險控制的基本方法中，損失控制是通過制訂計劃和採取措施降低產生經濟和社會損失的可能性，或者是減少實際的損失。這是一種面對風險積極應對的舉措，而不是消極地放棄風險。損失控制通過直接對風險加以改變，試圖使其由大變小或變無，可以有效地控制風險，對風險管理有著重要的意義。

五、風險監控

風險監控是指通過對風險規劃、識別、估計、評價等全過程的監視和監制，以

保證風險管理達到預期的目的。其目的是考察各種風險控制行動產生的實際效果，確定風險減少的程度，監視殘留風險的變化情況，進而考慮是否尚須調整管理計劃以及是否啓動相應的措施。風險監控是動態跟蹤風險因素的變化，即時預測可能造成的損失，並採取針對措施加以控制，以達到風險損失最小的目標。

風險監控包括風險的監測和控制。風險監測就是對風險進行跟蹤，監視已識別的風險和殘余風險，識別進程中新的風險，並在實施風險應對計劃后評估風險應對措施對減輕風險的效果。風險控制則是在風險監視的基礎上，實施風險管理規劃和風險應對計劃，並在情況發生變化的情況下，重新修正風險管理規劃或風險應對措施。在某段時間內，風險監測和控制交替進行，即發現風險后經常必須馬上採取控制措施，或風險因素消失后立即調整風險應對措施。因此，經常把風險監測和控制整合到一起考慮。監視風險實際是監視風險控制執行進展和環境等變數的變化。通過監視，核對風險策略和措施的實施效果是否有效，並尋找改善和細化風險規避計劃的機會，獲取反饋信息，以便將來的決策更符合實際。對風險及風險控制行動進展、環境的變化評價應反覆不斷地進行。

風險監控可以採取以下步驟：

(1) 建立風險監控體系

監控體系主要包括：風險責任制、風險信息報告制、風險監控決策制、項目風險監控溝通程序等。

(2) 確定監控的風險事件

(3) 確定風險監控責任

所有需要監控的風險都必須落實到人，同時明確崗位職責，對於風險控制應實行專人負責。

(4) 確定風險監控的行動時間

這是指對風險的監控要制訂相應的時間計劃和安排，不僅包括進行監測的時間點和監測持續時間，還應包括計劃和規定解決風險問題的時間表與時間限制。

(5) 制訂具體風險控制方案

根據風險的特性和時間計劃制訂出各具體風險控制方案，找出能夠控制風險的各種備選方案，然后要對方案作必要可行性分析，以驗證各風險控制備選方案的效

果，最終選定採用的風險控制方案或備用方案。

(6) 實施具體風險監控方案

要按照選定的具體風險控制方案開展風險控制的活動。

(7) 跟蹤具體風險的控制結果

這是要收集風險事件控制工作的信息並給出反饋，即利用跟蹤去確認所採取的風險控制活動是否有效、風險的發展是否有新的變化等，以便不斷提供反饋信息，從而指導項目風險控制方案的具體實施。

(8) 判斷風險是否已經消除

若認定某個風險已經解除，則該風險控製作業就已完成。若判斷該風險仍未解除，就要重新進行風險識別，重新開展下一步的風險監控作業。

風險監控不能僅停留在關注風險的大小上，還要分析影響風險事件因素的發展和變化。具體風險監控的內容如下：

- 風險應對措施是否按計劃正在實施。
- 風險應對措施是否如預期的那樣有效，是否收到顯著的效果，或者是否需要制訂新的應對方案。
- 對組織未來所處的環境的預期分析，以及對組織整體目標實現可能性的預期分析是否仍然成立。
- 風險的發生情況與預期的狀態相比是否發生了變化，對風險的發展變化要做出分析判斷。
- 識別到的風險哪些已發生，哪些正在發生，哪些有可能在后面發生。
- 是否出現了新的風險因素和新的風險事件，其發展變化趨勢又如何等。

第二章　風險損失控制

[鯈鮍者，浮陽之魚，胅於沙而思水，則無逮矣；掛於患而欲謹，則無益矣。自知者不怨人，知命者不怨天；怨人者窮，怨天者無志。失之己，反之人，豈不迂乎哉？

人們追求風險的心理與浮陽之魚大同小異：寄希望於高風險中謀取高收益，但一旦形勢惡化，再想迴避風險已經來不及了。]

——風險損失控制勢在必行

第一節　風險損失控制理論

在對風險進行管理的過程中，解決風險對社會經濟生活的困擾必須依賴應對風險的手段。因此在風險管理的研究中產生了各種可能的方法、技術和措施，使得風險管理者在面對具體的風險時，可以在應對上有充分的選擇余地，特別是可以不遺漏相對而言最為有效的方法。雖然風險管理的方法很多，且種類繁雜，但從其對風險處理的過程來看，主要分為三個大類，即風險控制方法、風險財務安排和保險。其中風險控制方法是對風險加以改變的一類風險管理法，是指在風險成本最低的條件下，採取防止風險事故發生和減少其所造成的社會和經濟損失的方法。改變風險即是試圖使風險由大變小或由小變無。改變風險的途徑有兩種，一種是通過對損失加以改變達到「風控」目的；一種是不改變損失（保持損失不變）而直接改變風險，而損失控制方法就是通過改變風險的損失來控制風險的方法。

一、概念

損失避免是人類活動中很早就已經開始關注的事情之一。改變損失以控制風險無疑是人類最早所採用的風險管理技術，它既是「風控」的重要組成部分，也是降低風險管理成本的重要手段。而損失控制的理論可以為人們對於損失的控制實踐提供指導。

1. 基本理論

關於損失控制的理論，存在很多不同的觀點，其主要的區別在於解釋風險因素的角度不一樣，以下簡單介紹幾種具有代表性的理論。

（1）人為因素管理理論。

由 Hernrich 提出的人為因素管理理論，認為損失控制應該重視人為管理因素，即加強安全規章制度建設，向員工灌輸安全意識，以杜絕那些容易導致風險事故的不安全行為。

Hernrich 是美國著名的安全工程師，是一位工業事故安全領域的先驅人物。他把事故定義為任何可能出乎計劃之外且未能加以控制的事件，在此事件中，一個物體、一種物質或是一個人的運動、行為或反應都可能導致人身傷害或是財產損失，並由此引發了他對損失控制的一系列思考。在對工業事故的系統分析研究的基礎上，他發現在所研究的 7.5 萬個案例中，有 88% 是由人的不安全行為引發的，還有 10% 是由危險的物質和機械狀態引起，余下的 2% 原因不明。有些事故的發生與人的不安全行為和危險的機械與物質狀態都有關係。Hernrich 認為機械或物質方面的危險因素也是由於人的疏忽造成的，因此，人的行為成為事故發生的主要原因。於是他提出了一套控制事故發生的理論，即為工業安全公理。其具體內容如下：

➢ 損害事件總是由各種因素所構成的一個完整順序引起。這個完整的順序的最末一個就是事故，而事故又總是由人為的或者物質的風險因素引起。也即是說，這些因素都存在於這個完整的順序當中。

➢ 人的不安全運動、行為或反應是造成大多數事故的直接原因。

➢ 由於極為相同的不安全人為因素，最終導致人員傷害事故，從概率意義上來說，整個事故的發生率為 1/300，即為 0.33%。

> 嚴重傷害事故的發生絕大多數情況下是偶然的，而且造成這種事故的原因和直接導致事故發生的事件是可以提前預知和預防的。
> 如何選擇適當的風險控制措施基於對產生傷害事故的基本原因的瞭解（即為人和物質的直接原因和間接原因）。
> 技術措施、說服教育、人事調整和加強紀律是控制風險的基本手段。
> 風險控制與產品質量、成本和產量的方法是類似的。
> 領導人和管理部門應該負擔起風險控制的主要責任，因為他們具有開展此項工作的最好條件和能力。
> 能否成功控制風險，應該注意關鍵人物的管理工作。
> 風險控制應該注意必要的強有力的經濟激勵因素。

Hernrich 提出的公理揭示了這樣一些風險控制中的關係：事故的因果關係，人和機械物質的相互關係，不安全行為的潛在原因，風險管理和其他管理的關係，組織機構中實現安全、進行風險管理的基本責任，風險的代價以及安全的關係，等等。

因此，Hernrich 總結，事故的發生主要是由人的行為引起的，而且對此是可以進行控制的。同時他還提出了損失預防和控制的理念，強調風險控制的入手點為事故，把重點放在控制導致事故發生的人為因素上。基於事故與損失的關係和損失控制理念，他把意外事故的發生圖解為一系列因素的連續作用，用多米諾骨牌來表示，提出了著名的多米諾骨牌理論，如圖 2.1 所示。這一理論作為風險控制領域最為重要的指導理論之一，長久以來在很多領域得到了廣泛的應用。

遺傳及社會環境 ⇨ 人的過失 ⇨ 人或物的不安全因素 ⇨ 傷害事故 ⇨ 人身傷害或財務損失

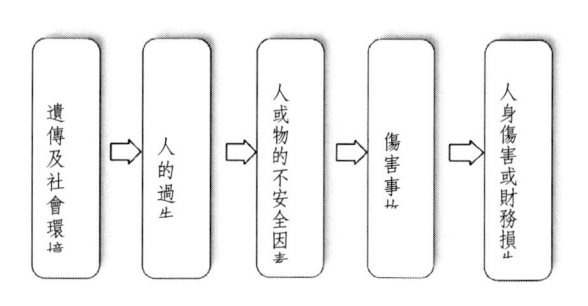

圖 2.1　多米諾骨牌理論

Hernrich 風險損失以及影響因素用五張骨牌來表示，一張骨牌倒下，就會引發連鎖反應，每個骨牌表示的因素都取決於前面的因素而發生作用。具體來說，這五

個因素如下：

①遺傳及社會環境

根據多米諾骨牌理論，損失發生的根源可以追溯到人出生和生長所處的社會環境。人從出生就帶有的遺傳因素及成長過程中的社會環境是造成人的性格上缺點的原因。遺傳因素可能造成魯莽、衝動、固執等不良性格；社會環境可能妨礙教育，助長性格上的缺點發展。這些都可能影響人的工作態度和工作方式。

②人的過失

人類自身的包括魯莽、固執、過激、神經質、輕率等性格上的先天缺點，以及缺乏安全生產知識和技能等后天缺點，會造成人在工作態度和認知能力上的局限，從而導致人的過失，是使人產生不安全行為或造成機械、物質不安全狀態的原因。

③人或物的不安全因素

所謂人或物的不安全因素是指那些曾經引起過事故，或可能引起事故的人的行為，或機械、物質的狀態。人的過失直接致使了人或物的不安全因素，這也是意外事故發生的直接原因，並最終導致了傷害的后果。

④傷害事故

傷害事故是由於物體、物質或人的作用或反作用，使人員受到傷害或可能受到傷害的、出乎意料之外的、失去控制的事件。

⑤人身傷害或財產損失

意外事故必然會引發人身的直接或間接傷害，同時也會造成相應的財產損失，給社會經濟生活帶來不利的影響。

以上五個因素也同樣是五個階段，所有階段的連續作用和相繼發生造成了意外傷害的整個過程，缺一不可。其中的連鎖關係如下：

➢ 人身傷害和財產損失（最后一張骨牌）是發生事故的結果，沒有事故，就不會有傷害和損失。

➢ 事故的發生是由於人的不安全行為或物的不安全狀態所造成的。

➢ 人或物的不安全因素是因為人的過失而存在。

➢ 人的過失源於人的先天和后天的缺點。

➢ 人的缺點是由不良環境誘發的，或者是由先天的遺傳因素造成的。

由這些連鎖關係可以看到，當人身傷害或財產損失發生時，可能會涉及以上五個方面的因素，即第五塊骨牌的倒下，可能是因為第一塊骨牌倒下並引起的連鎖反應，造成了其他骨牌的倒下。如果消除引起事故發生的一系列環節中的一個，那麼損失就可以得到控制，傷害就可以盡可能地避免和減少。Hernrich 認為減少意外傷害事故最重要的是消除人為的或機械、物質的危險因素，也即是盡量避免和消除人的過失和疏忽。

（2）能量釋放理論。

能量釋放理論是由美國公路安全保險協會會長 Haddon 提出的。這個理論認為，在損失控制中應該重視對機械或物的因素的管理，從而創造一個更為安全的物質環境。這個理論把意外事故視為一種物理工程問題，而沒有主要關注人的行為，認為人或財產可以看作結構物，他們在解體之前有一個各自的承受極限，而當能量失控，壓力超過這個極限的時候，就會導致事故的發生。這是一個很具有一般性意義的模型。所謂能量失控，可以是所有造成傷害或損失的情況，包括有火災、事故和工傷等情形。在這個理論下，預防事故的發生是控制能量，或者改變能量作用的人或物的結構來達到。因此 Haddon 提出了以下十種控制能量破壞性釋放的策略：

➢ 防止能量的產生和聚集，從一開始就避免意外的發生。
➢ 減少已聚集的可能引發事故的能量以降低意外發生的概率。
➢ 防止已聚集的能量釋放以避免危險的產生。
➢ 從源頭上改變能量釋放的速度或空間分佈。
➢ 利用時空將釋放的能量和以損害的結構物隔離。
➢ 利用物質屏障，即用物品隔離能量和易損對象。
➢ 改變接觸面的物質從而修改危險的性質，從而減少傷害。
➢ 加固結構物，以加強其防護能力。
➢ 意外事故發生時要及時救護，以減輕損害的程度。
➢ 持續提供事故后的恢復與復原。

Haddon 的這個理論控制能量對結構物的破壞，主要是通過對能量的產生、釋放到作用的各個環節進行控制來實現。該理論自提出以來，就一直被研究者關注，得到了很好的發展和應用。研究者還從風險管理的角度出發，重新解釋了這個理論，

使其能夠方便地在風險損失控制管理中得到應用。其具體如下：

➢ 防止危險的發生。防止危險發生的預防措施有禁菸區的禁令規定、加油站禁止無線通信的規定、禁止生產銷售危險玩具的禁令，等等。

➢ 減少已經產生的危險的數量，例如高速公路行車速度限制、電壓限制、器械載重物限制，等等。

➢ 防止危險因素的爆發。這裡主要是控制能量的釋放爆發，如機械上的自動斷開裝置、保險絲，等等。

➢ 降低危險爆發的速度，改變其空間分佈，包括煞車、變壓器、防洪大堤，等等。

➢ 在時空上隔離危險因素和被保護對象，如交通信號燈、車道劃分、傳染病人隔離，等等。

➢ 設置物質屏障於危險因素和被保護對象之間，如保護罩、防火牆、安全帶，等等。

➢ 改變危險因素的基本特性，比如無鉛塗料、隔源油漆，等等。

➢ 加強被保護對象的損害抵抗力，如道路加固以防禦地震、防火建築物，等等。

➢ 及時關注並給予救護。其中包括急救、應急服務，等等。

➢ 持續的修理和恢復受損對象，包括人員康復、修復受損財產，等等。

（3）TOR 系統理論。

TOR 系統（Technique of Operation Review System），全稱為作業評估技術系統，其是由 Weaver 首創，並且由 Petersen 發展的系統。這套 TOR 理論認為組織管理方面的缺失是導致意外事故發生的主要原因。該理論提出了風險控制的五項基本原則，並將管理方面的失誤歸納為以下八類。

➢ 五項風險控制的基本原則包括：

①危險的動作、條件和意外事故是組織管理系統確實存在的徵兆。

②對於可能發生嚴重損害的意外情況，應該徹底地進行辨識和控制。

③和其他的管理功能一樣，風險管理也應該制定管理目標，並通過計劃、組織、領導、協調和控制等職能來實現目標。

④權責明晰是有效進行風險管理的關鍵。

⑤規範操作錯誤導致意外發生可被容許的範圍是風險管理的功能，通過瞭解意

外事故發生的根本原因和尋求有效的風險控制措施來實現。

➤ 八類管理方面的失誤包括：

教導和訓練上的不適當作為，沒有明確劃分和分配責任，權責不當，監督不周，紊亂的工作環境，計劃不適當，個人過失，組織結構設計不當。

（4）其他主要理論。

除了上述的理論以外，還有一些重要的風險損失控制理論值得提出並注意。

➤ 一般控制理論

在 Hernrich 的多米諾骨牌理論提出后的數十年間，工業衛生專家和安全工程師發展出了一般控制理論。該理論強調危險的物質條件或因素比危險的人為操作更為重要。該理論主張了 11 種控制措施。

➤ 系統安全理論

這個理論的提出源於這樣的觀點：所有的事物均可視為系統，而每個系統都是由很多的較小的且相關的系統組成。這個理論認為當一個系統中的人為或物質因素不再發揮其應有作用時，就會發生意外的事故。它旨在通過瞭解意外事故發生的機制來尋求預防和抑制風險的方法。該理論也提出了四項風險控制的措施。

➤ 多因果關係理論

在實際情況中，許多事故的發生並不是如多米諾骨牌理論中所描述的是由單一因素順序作用的結果，而是多種因素綜合作用的結果。這些因素往往是隨機地結合在一起，共同導致了事故的發生。因此從多因果關係理論出發，風險控制就不僅僅是針對人為或外物的風險因素，而是從其根本原因著眼。風險產生的根本原因通常可能與管理的方針和方法、監督控制制度以及教育培訓等有關。

各種損失控制理論解釋意外發生的側重點不同，但是均是以降低風險發生的概率和減小損失為目標，通過提出不同的風險控制措施來減少風險對人們所產生的威脅和損害，減少其對社會經濟生活的影響。

2. 定義

風險管理的方法眾多，最為常用的是風險控制方法，也就是通常所稱的「風控」，其也是諸多風險管理方法之中最為重要的方法之一。而「風控」對風險的改變，一方面是通過對損失加以改變，另一方面則是直接改變風險本身。

改變損失以實現風險控制目的的方法稱為風險損失控制。它通常定義為風險管理者有意識地採取行動防止災害事故的發生或減少其造成的社會和經濟損失。風險與損失密不可分，改變損失對風險管理有著如下重要的意義：

（1）控制損失可以控制風險

控制損失，事實上，是試圖通過降低損失頻率和損失程度來改變風險，從而降低風險。無論是損失頻率還是損失程度中的任何一個改變，風險都將得到改變，而如果風險管理者可以同時降低損失頻率和損失程度，那麼風險也將得到更大程度的降低，成功地實現風險控制的目標。

（2）控制損失可以降低風險管理的成本

損失是風險管理當中密切關注的點，事實上，損失決定了風險管理的成本。通過損失控制，可以降低風險的平均損失結果，從而降低風險管理的成本。風險管理常被擬定義為「以最低的代價」應對風險，所以損失控制憑藉對風險成本降低的「奇效」就成為風險管理中尤為重要的方法。

損失控制在「風控」乃至風險管理中發揮著重要的作用，對其的研究也有著很長的歷史，涉及社會經濟生活的很多領域。

損失控制的途徑有兩個，一個是改變損失頻率，即在損失發生之前，消除損失發生的根源，盡量減小損失發生的頻率；一個是改變風險的程度，在損失發生之後，努力減輕損失的程度。由於兩者著眼點不同，採用的措施也不盡相同，可以用下圖2.2來說明。

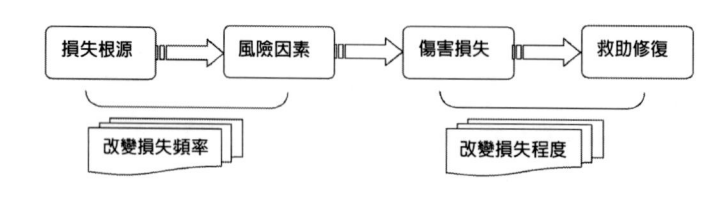

圖 2.2　損失控制的途徑

從圖中可以看到，損失控制改變損失的頻率，首要可從損失的根源入手，盡量消除損失，防止損失出現。例如在汽車上裝配減震系統等。接下來應該強調對可能受損的對象進行持續檢查維護，以減少風險因素，比如檢查建築物的抗震能力等。一旦損失不可避免地發生了，就應盡量使傷害損失最小化，包括貯備必要的設備、

器械，在損失現場快速有序反應等。最后，有效的救助可以在損害造成之后達到控制損失的目的，同時積極開展相應的修復措施，可盡量挽回損失，如搶救傷員、搶修道路等。

二、分類

風險損失控制涉及的內容很廣，所涵蓋的眾家學者提出的方法、措施也很多。參照文獻，並綜合其他通用的分類標準，本書從控制目標、控制時間、控制手段的三個不同角度出發，對風險損失控制進行了分類並且做簡單地介紹，如圖2.3所示。

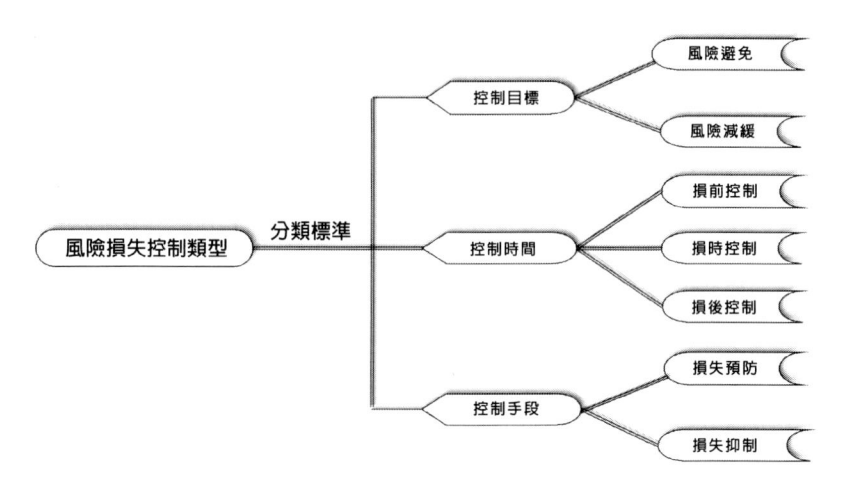

圖2.3 風險損失控制分類

1. 控制目標

風險損失控制的目的一般有兩個，完全杜絕風險的一切發生可能和最大程度上減緩風險造成的損害。

從技術上來講，當風險決策能讓風險不發生的時候，所採用的應對措施就是實現了風險避免。在這種情況下，風險管理者的風險態度是完全保守規避型的，不願意面臨任何的風險。風險避免的措施是通過避免任何損失發生的可能性來規避風險，然而這樣的做法也可能是以犧牲可能的收益來實現的，因為「高收益，高風險」已經是被普遍認同的觀點。也就是說，雖然在有些情況下，風險避免是風險管理的唯一選擇，但這畢竟是一個消極應對風險的方法。而且往往在很多情形下，管理者若

經常採用風險避免的方法，會導致組織的無所作為，從而無法實現其最基本的發展目標。風險避免過於消極的性質，限制了它的使用。具體來說，採用風險避免可能有以下問題：

（1）風險可能無法避免，很多風險實際上是避無可避的。比如說地震、海嘯、山洪等自然災害，對於人類來說，這些都是無法避免的。

（2）避免風險可能需要付出昂貴的代價。風險的存在伴隨著收益的可能，避免就意味著對潛在收益的放棄，這樣的機會成本反而很高。

（3）避免一種風險可能產生另一種風險。通過改變工作的性質和方式來進行風險避免，可能反而導致另一種風險的出現，甚至是比之前更為嚴重的風險。

因此，從某種意義上來說，對付風險的最末一種方法才是避免風險，且只有在其他諸多方法都失效時才將其納入考慮範圍之內。當然，當風險可能存在災難性的嚴重后果時，並且在風險無法減緩和轉移的情況下，則必須避免風險的發生。這種情況通常在風險的損失頻率和損失程度都很高的時候出現。

既然風險的徹底避免面臨著巨大的障礙，那麼其他的方式、方法也就應運而生。風險減緩是風險管理中的術語，它用來定義一系列使風險最小化的努力，尤其是損失最小化的大量措施。就如之前所提到，控制損失的兩種主要途徑，也就是風險減緩中的「損失預防」和「損失抑制」兩種手段。廣義上來說，損失預防是盡力防止損失的出現，雖然不是所有的損失都可以防止，但確實也存在一些可能被預防的損失。另外，如果損失實實在在發生了，則只能通過損失抑制的方法努力降低那些損害的嚴重程度。也就是說，那些降低損失頻率的手段是為了集中預防和防止損失的發生，而那些試圖減輕已經或正在發生的損失的嚴重程度的技術措施，則是為了抑制損失所帶來的傷害。

2. 控制時間

控制的時間包括事前、事中和事後三個時間段，事前控制的目的主要是為了降低損失的概率，事中和事後的控制主要是為了減少實際發生的損失。對應於控制的區分有：損前控制、損時控制和損後控制。

損前控制的目標：經濟目標、安全系數目標、合法性目標和社會公眾責任目標等。

損時控制的目標：時效性目標等。

損后控制的目標：生存目標、持續經營目標、發展目標和社會目標等。

3. 控制手段

損失預防是指為了消除和減少可能引起損失的各種因素，在風險發生之前採取的處理風險的具體措施，如一些工程物理方法、教育指導和強制手段等。

損失抑制是指在意外風險事故發生時或發生后採取的各種防止損害擴大化的措施，比如建築物上的防火噴淋裝置、醫生對危重病員的救助和康復計劃等。

第二節　風險損失控制方法

風險損失控制的基本手段、損失預防和一旦損失實際發生后進行的減少損失的措施是同人們的行為活動息息相關的。之前提及的諸多風險損失控制的理論從不同的角度提供了損失預防和抑制的基礎。迄今為止，在這方面上討論的具體方法技術很多，有的已有了相當成熟的實施措施，而另一部分則相對簡單，或僅為人類的一些直覺反應。下面將從預防和抑制兩個方面分別對此做一些簡單的介紹。

一、損失預防

目前，最為人們廣泛接受的損失預防分類方法是把損失預防措施根據目標加以分類。其中有對於機械、物質和環境因素比較側重的，從這個角度來試圖消除危險因素的措施被稱為「工程物理法」；而強調人為因素，並尋求通過改變人的行為來預防損失的措施叫作「人類行為法」；還有通過從行政乃至國家的高度來制定法律、規章和制度從而強制預防風險的即為「規章制度法」。下面對這三類方法進行一下具體介紹：

1. 工程物理法

工程物理法強調削減不安全的外界條件以實現預防損害的目的。這種方法主要假設人們對於自身的人身安全並不太注意，且人性固有的無心之失是無法遏制的，因此，必須要用工程物理的方法，即有相應的安全工程來幫助人們保護自身，而不被那些不安全的行為傷害。比如針對火災有阻燃結構、防盜有保險箱、鍋爐窯定期

檢修以及給汽車配備更為安全的裝置，等等。前面提到的 Haddon 的能量釋放理論中的策略一般作為工程物理法具體實施措施的指導。

2. 人類行為法

人類行為法強調的是人的動機，關注人的行為、活動和對風險的反應。這種預防防護的方法，從大部分事故是由人類的不安全行為引發這樣的認知出發，偏重於人為因素的控制，試圖通過致力於規劃人的行為來取得安全和損失預防的最大成效。該方法的目標是通過教育、培訓和指導來規範人們的行為。

人類行為法中控制風險的首要因素就是教育。這樣的教育有兩大重要的需要實現的功能。一方面教育可以給人以警示，讓人們意識到自身所處的危險，而且很可能面臨嚴重的后果損失，借此提升人們的安全意識；另一方面，教育可以給出具體的安全操作方法，用以指導人們的行為。比如安全教育、電視安全廣告和海報等都是預防損失的教育手段。具體來說，人類行為法的措施一般包括：安全法治教育、安全技能的持續培訓、安全態度的持續教育。

3. 規章制度法

由於某些不明的原因，人們對於危險的意識並不明確，缺乏對安全應有的關注，所以不足以保證他們能夠及時地採取應有的安全行為來保護自身的人身和財產安全。因此，為了加強安全防護的力度，很多國家都已將此上升到了國家法律的高度，並且頒布並實施了相關的規章制度，試圖以強制的手段來防止風險的發生。依據國家制定的相關規章制度，風險管理單位應在這些規章制度的範圍內進行經濟和社會活動，從而預防風險事故的發生。例如交通法、地方建築法規和產業安全條例都是通過條例和規章為風險控制提供強制力的典型。

這其中，人類行為法和規章制度法均是基於 Hernrich 關於人為管理因素的理論出發來考慮的。

二、損失抑制

損失抑制是在損失不可避免地發生了以後的補救措施，其技術方法相對直接，力圖最大限度地減小風險所造成的危害和影響。

1. 機械設備配備

如果風險真的出現了，並且造成了不良后果，帶來了損害，那麼首先的措施就

是設法在損害發生當時，盡量讓其破壞的程度降低。例如在可能的事故和災害現場常備必要的救助機械和設備，以備不時之需，如防火噴頭、滅火器等。

2. 搶救救護

當為預防損失做出的努力失敗而損失真的發生時，就要立即採取措施來保護沒有被損害的剩餘價值，以減少損失的額度。搶救措施不僅包括保護財產使其免受進一步的損害，爭取保持其價值，更重要的是對於人員的及時救護，避免其遭受二次傷害。這樣的措施可以在很大程度上減緩原本還會繼續發生的損害，從而降低損失。

3. 康復修復

康復主要是對於人身而言，例如對於工人的康復，無論是對其本人還是雇主，都意味著對事故所造成的經濟損失的控制。此外，對於受到破壞的物質環境進行修復，也是促使其盡快恢復正常，減少損失的必要措施。

如上所述，預防和控制損失的各類技術方法很多，事實上，由於風險問題層出不窮，相應的解決辦法也是無窮無盡的。而且面對風險，除了單獨的措施外，可能更多的是需要綜合運用多種技術方法。但不論如何選擇，以下方面是風險管理者在選取方法時應該注意的：

（1）控制措施和適用時機。對於不同的風險情形，不是每個措施隨時都是行之有效的，使用不當還可能引發更嚴重的后果。所以在適當的時機，選擇適當的控制措施，並在應該執行的時間段採用，才能保證損失控制的有效性。

（2）控制措施和使用對象。不同的損失控制措施使用的對象是有區別的，即是說，有的措施可能是直接指向具體的對象，比如針對人、機械和設備等，有的則是指向事故發生的機制或者風險發生的環境等。因此，應該對不同的使用對象有針對性地選擇適合的控制措施才能有所成效。

（3）協調搭配措施。不是越多越先進的措施就越能起到更好的損失控制效果，合理組合多種控制措施，讓這些措施協調配合才是行之有效的辦法。

還應該說明的是，以上所提出的各種風險損失控制的技術方法乃至具體的措施都有賴合理的損失控制計劃來保障其順利實施，而控制計劃的確定則要依靠風險管理者對所面臨具體風險的全面認知和系統分析，並在此基礎上進行風險控制決策才能最終達成目標。

第三章　建設工程項目風險

　　〔1992 年，美國學者 Laufer 和 Stukhart 在對美國 40 位重要建設工程項目經理和投資人的調研訪談中發現，只有約 35% 的項目維持著較低的風險威脅狀況，而其余 65% 的項目處於風險威脅狀況不確定的環境中，面臨諸多風險。

　　而這項發現在隨后 1993 年所做的跟蹤調查表現得更為嚴重，約有 80% 的項目處於高風險的環境中。〕

——建設工程項目風險不容忽視

第一節　建設工程項目風險概述

　　建設工程包含著大量的風險。建設工程項目從啟動伊始就面臨著重複而多變的情況。通常，建築業的項目涉及從最初的投資評價到建成並最終投入使用的總過程。而這一過程往往受到諸多不確定因素的影響，這使得整個項目都始終處於高風險的環境當中。1992 年，Laufer 和 Stukhart 討論了建設中的不確定性。同時，自 20 世紀 90 年代起，風險識別、風險分析及風險控制等風險管理技術開始應用於建築行業，在對建設工程所包含的大量風險進行控制的過程中發揮了重要作用。

　　建設工程風險源自重複運作的內外系統，這使得控制風險損失的決策呈現出多目標性和多層次性的特點。因此，在不確定性影響下，綜合考慮重複的決策環境、控制建設工程項目的風險，對於有效管理項目進度、合理配置工程資源、積極應對

自然和環境災害對建設的影響、保證工程安全高效地運作具有重要的現實意義。

一、風險來源

建設工程項目，即是在一定的建設時期內，在人、財、物等資源有限的約束條件下，在預定的時間內完成規模和質量都符合明確標準的任務。項目具有投資巨大、建設期限較長、整體性強、涉及面廣、制約條件多及固定性、一次性等特點。所有建設工程項目都包含有耗時的開發設計和繁雜的施工建造過程，通常具有項目決策、設計準備、設計、施工、竣工驗收和使用等項目決策和實施階段。這樣重複的過程中涉及諸多不同組織、人員和環節，且受到大量外界及不可控制因素的影響。所以，建設工程項目的決策和實施是經濟活動的一種形式，其一次性使得它所面臨的不確定性較之其他一些活動要更多、更大。因此，風險的可預測性也要差得多，而且建設工程項目一旦出現了問題，就很難進行補救，或者說補救所需付出的代價就更高。從建設工程項目風險管理的角度來說，如果由於某些原因使得項目面臨了不確定的情況，目標難以實現，風險就出現了。建設工程項目中涉及的組織和人員眾多，如發展商、設計人、監理人、承包商及供應商等。他們在項目的整個生命週期當中擔任不同的重要角色，作為主體負責不同的專業化工作。由於不同主體的經濟利益有別，立場目標不同，各自所承擔的風險就不盡相同，對風險的理解和態度不同，從而有著不同的風險承擔能力。所以，對建設工程項目風險管理的考慮必須綜合項目過程中的各個階段的風險，以及各個風險的承擔主體，這就形成了一個多風險目標、多層次參與者的管理結構。如圖 3.1 所示的就是某建設工程項目風險管理結構。

圖 3.1 作為示例，反應的只是某個項目的情況。不同的項目、過程階段、風險主體和可能出現的風險都不盡相同，且各主體由於工作職能的需要可能在不同的過程階段重複出現，各建設階段也可能遭遇相同的風險類型。

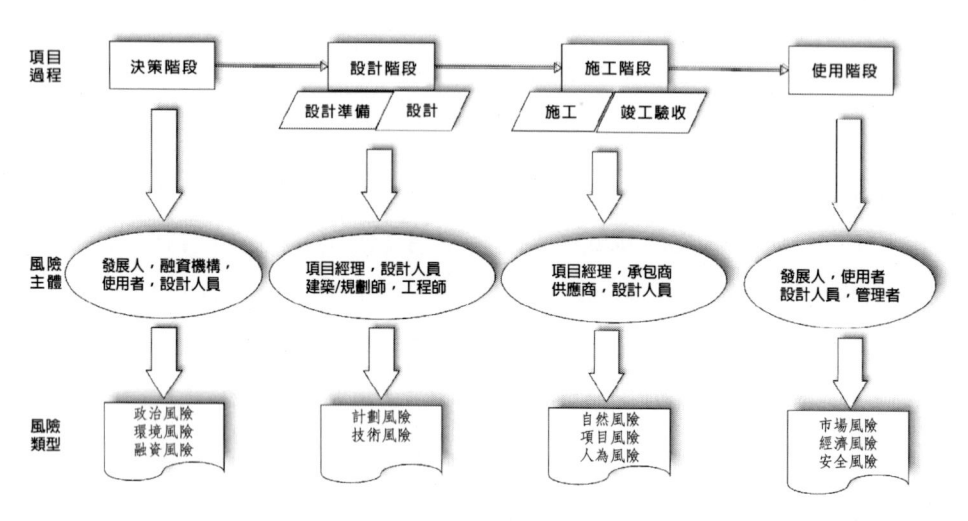

圖 3.1　某建設工程項目風險管理結構

二、風險特性

　　從本質上講，風險來源於不確定性，而不確定性則源自信息的缺乏。某個指定事件或活動，不能事先確定最終可能有的結果，即被稱作不確定性，這是一種普遍存在的現象。不確定性主要是源自人們不能對事件或活動的信息完全掌握，它意味著有多種可能的后果且每種后果發生的概率不一樣，並且不確定性會隨著事件與活動進程的推進而逐漸變小。對於建設工程項目而言，不確定性包括自身和環境兩方面。正是由於在不確定性下做出信息不完備的決策，所以就產生了風險。隨著現代經濟的飛速發展，城市化進程和城鄉建設步伐逐步加快，建設工程項目的規模越來越大，風險所致的損失也越來越驚人。因此，對建設工程項目風險進行控制與管理就顯得愈加重要和必要。

　　在建設工程項目風險管理中，不確定性普遍存在，很多現象均可以由「隨機」和「模糊」來描述和表達。譬如工程在進行當中面臨多種不可預見的情況，例如建設環境、氣候狀況、人工技能和材料設備等都可能影響工程的進度。這些項目中的不確定性會影響到工程的最終工期，導致誤工等損失，是重要的風險因素。而諸如氣候、工時和設備整修率等就可以用隨機變量來描述。又如項目中關鍵的採購供應的環節，涉及材料購置、運輸、庫存等，在以往的研究中，人們常常把這些環節中

可能有的不確定性處理為模糊變量。這是由於在項目的現實管理中，人們在事件實際發生之前，常常不能準確地把握一些因素，只能用不具體的、不精確的語言來描述，例如「運輸時間大概為 6 小時」「庫存量在 600 件以下」「設備購置費最少為 21.3 萬元」等。這些用「模糊」和「隨機」表達的項目信息可以幫助人們更為方便地描述風險，同時能在此基礎上，利用成熟的數學理論和知識處理這些不確定，保障項目風險控制與管理的可操作性和有效性。

第二節　建設工程項目風險分類

一、風險因素

目前，研究建設工程項目風險的文章較多，涉及的風險有多種，典型的風險包括：工期延誤；預算超範圍；材料設備購置存貯費用上升；不利地質條件；不可抗力，如地震、洪水等。本書主要基於不同風險因素，整合不同的分類方法將建設工程項目風險分為多種類別。在風險管理中，區分風險的因素，並有針對性地對其進行控制是十分重要的。依據產生的來源，建設工程項目風險可以分為政治風險、經濟風險、項目風險、計劃風險、自然風險、市場風險以及安全風險等。在與風險對抗，以及保障項目順利進行的過程中，人們發揮了充分的才智，在許多方面都取得了理論研究和實踐應用的豐碩成果。現有研究中，建設工程項目風險所涉及的有代表性的主要風險如圖 3.2 所示。

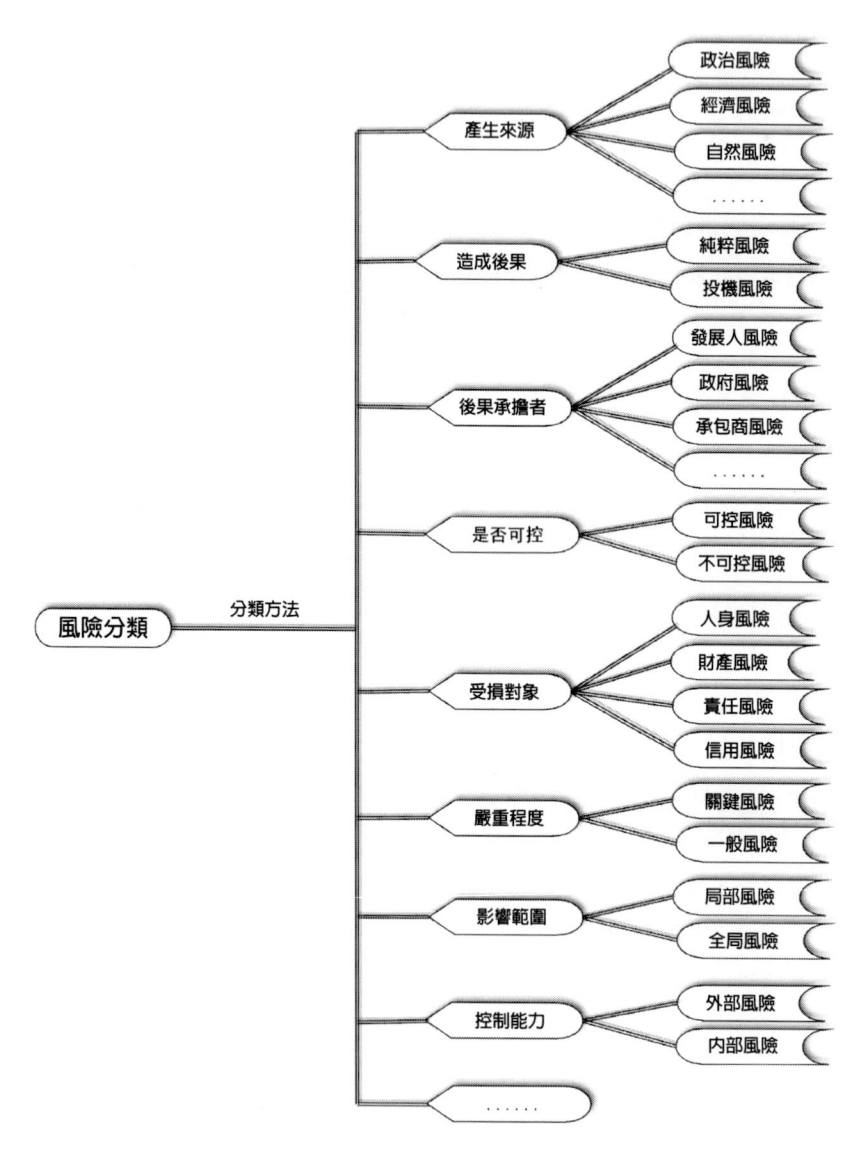

```
                                    ┌── 政治風險
                          ┌─ 產生來源 ─┼── 經濟風險
                          │          ├── 自然風險
                          │          └── ……
                          │
                          ├─ 造成後果 ─┬── 純粹風險
                          │          └── 投機風險
                          │
                          │          ┌── 發展人風險
                          ├─ 後果承擔者 ┼── 政府風險
                          │          ├── 承包商風險
                          │          └── ……
                          │
                          ├─ 是否可控 ─┬── 可控風險
                          │          └── 不可控風險
     風險分類 ─ 分類方法 ──┤
                          │          ┌── 人身風險
                          ├─ 受損對象 ┼── 財產風險
                          │          ├── 責任風險
                          │          └── 信用風險
                          │
                          ├─ 嚴重程度 ─┬── 關鍵風險
                          │          └── 一般風險
                          │
                          ├─ 影響範圍 ─┬── 局部風險
                          │          └── 全局風險
                          │
                          ├─ 控制能力 ─┬── 外部風險
                          │          └── 內部風險
                          │
                          └── ……
```

圖 3.2　建設工程項目風險分類

二、風險主體

參與建設工程項目實施活動的不同主體存在不同程度的風險，對於風險因素和管理目的也有著不同的側重。建設工程項目的不同風險管理主體如表 3.1 所示。

表 3.1 建設工程項目的風險主體

風險類型	風險因素	風險主要承擔主體
政治風險	政府政策、民眾意見和意識形態的變化、宗教、法規、戰爭、恐怖活動、暴亂	發展商、承包商、供貨商、設計單位、工程監理單位
環境風險	環境污染、許可權、民眾意見、國內/社團的政策、環境法規或社會習慣	發展商、承包商、監理單位
計劃風險	許可要求、政策和慣例、土地使用、社會經濟影響、民眾意見	發展商
市場風險	需求、競爭、經營觀念落后、顧客滿意程度	發展商、承包商、設計單位、工程監理單位
經濟風險	財政政策、稅制、物價上漲、利率、匯率	發展商、承包商
融資風險	破產、利潤、保險、分險分擔	發展商、承包商、供貨商
自然風險	不可預見的地質條件、氣候、地震、火災或爆炸、考古發現	發展商、承包商
項目風險	採購策略、規範標準、組織能力、施工經驗、計劃和質量控制、施工程序、勞力和資源、交流和文化	發展商、承包商
技術風險	設計充分、操作效率、安全性	發展商、承包商
人為風險	錯誤、無能力、疏忽、疲勞、交流能力、文化、缺乏安全、故意破壞、盜竊、欺騙、腐敗	發展商、承包商、設計單位、工程監理單位
安全風險	規章、危險物質、衝突、倒塌、洪水、火災或爆炸	發展商、承包商

在建設工程項目決策、實施、營運的不同階段，項目風險管理主體的處境及所追求的目的不一樣，面臨的風險因素不同，風險管理的重點和方法也不盡相同。在總的風險損失控制的目標下，不同的風險需要不同的損失控制目標，並最終滿足用戶、項目投資決策人的需要和期望。

本書理論篇至此完結。在下面的實踐篇中，將以風險不確定性的主要體現形式為引，通過隨機、模糊、混合和複合不確定性四種類型，以及綜合方法的應用來示例建設工程項目風險損失控制的過程。

實踐篇

第四章　某高速路橋樑項目風險損失控制——隨機型

[當代，高速路橋樑建設工程的數量和規模正迅速發展，其在中國基礎建設中起著重要的作用。

而在實踐中，要實現科學合理的調度，確定有效的資源需求，不可避免地要考慮不確定性。]

——資源需求的隨機性必然導致隨機型風險

第一節　項目問題概述

在中國，基礎建設工程（包括高速公路、鐵路等）對國家發展非常重要，所以必須非常關注此類項目在實踐中的有效性。本章所關注的是某高速路橋樑建設的安裝工程項目。項目經理需要考慮多個管理目標，並且相互間不能妥協，例如項目工期、成本等。與此同時，項目經理必須面對管理中的不確定環境，考慮所有的相關因素。

一、問題描述

案例討論了這樣一個實際問題：項目是由一系列相互關聯的工序和多種不同的執行模式組成，每種模式對應確知的工序執行時間和隨機的資源需求。管理目標一方面要求在考慮隨機資源約束條件下使項目工期和成本最小化，另一方面要使資源

流最大化。這是一種典型的考慮不確定環境的資源約束下多模式項目調度問題（rc-PSP/mM）。而在實踐中，這些情況無處不在：當出現這樣的資源約束時，有限的資源將根據庫存事先做好準備以滿足某一建設工程的需要；同時考慮到不確定的情況，資源庫存量通常是滿足正態分佈的一個隨機變量，如各種材料的庫存量等。因此，這就形成了隨機的資源約束。此外，由於工序的提前完成可能導致預先分配給這些工序的資源浪費。所以，提前和延期成本系數也相應地是滿足隨機規律的。在這種情況下，我們可以使用隨機變量來處理本書中這些不確定參數的隨機性。

二、概念模型

假設條件如下：

（1）單個項目包括多項工序，每項工序都有多種不同的執行模式。
（2）每項工序的每個模式都有確知的執行時間和資源消耗。
（3）每項工序的開始時間依賴其前一項工序的完成。
（4）部分資源數量是隨機的，其他資源數量是確定的並且后期可更新使用。
（5）相互之間不存在可替代資源。
（6）工序不能被打斷。
（7）有限的資源將根據庫存事先做好準備以滿足某一建設工程的需要。
（8）提前和延期成本系數是隨機的。
（9）管理目標：隨機資源約束條件下最小化項目工期、成本及最大化資源流。

據此，可以建立一個隨機型多目標 rc-PSP/mM 的概念模型，如圖 4.1 所示。

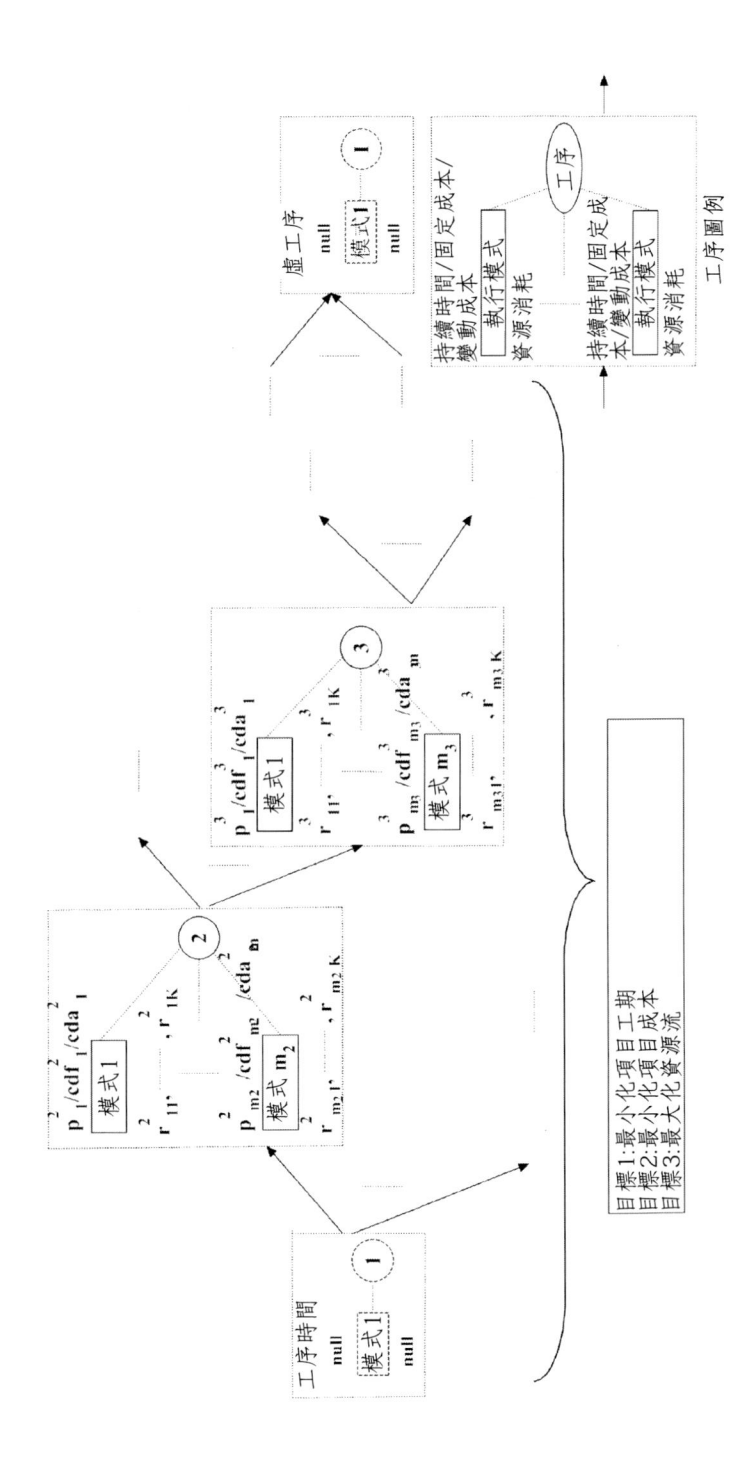

第四章 某高速路桥梁项目风险损失控制——随机型

图 4.1 随机型多目标rc-PSP/mM概念模型

第二節　風險識別和評估

綜合眾多文獻研究，rc-PSP／mM 問題最常考慮隨機型不確定性以及可能面臨的風險。因此，本章中遵循以往的研究，將資源限制的數量和提前及延期成本系數識別為隨機的。其估計分佈規律為：資源限制的數量視為服從正態分佈變量 $N(5.08, 0.1^2)$（單位 1,000 元）；工序中的提前及延期成本系數都服從正態分佈變量 $N(3.12, 0.1^2)$（單位 100 元）。

第三節　風險損失控制模型建立

一、目標函數

模型符號定義如附錄符號 4.1 所示。第一個目標是最小化項目工期 T_{whole}，這裡，使用最后一個工序的完成時間來標記項目工期，在充分考慮所有可能的執行模式情況下，將其描述為：

$$T_{whole} = \sum_{j=1}^{m_I} \sum_{t=t_I^{EF}}^{t_I^{LF}} tx_{Ijt} \tag{4-1}$$

第二個目標是最小化成本 C_{total}。一般情況下，項目經理會事先確定每項工序的預計完成時間以協調整個項目。因此，如果工序在預計時間之前或之后完成就會浪費預先配置的資源，或較長時間地占用資源造成對其他工序甚至整個項目的影響。因此，在工程實踐中計算這些成本是非常必要的，相應的總成本表達為：

$$C_{total} = \sum_{i=1}^{I} c_i \Big(\sum_{j=1}^{m_i} \sum_{t=t_i^{EF}}^{t_i^{LF}} tx_{ijt} - t_i^E \Big) \tag{4-2}$$

此外，最大化資源流對項目也非常重要。資源約束時，有限的資源將根據庫存事先做好準備以滿足某一建設工程的需要。最大化所有的資源流可以保障事先準備

的資源更加有效地使用，避免浪費。所以第三個目標是最大化資源流。

$$F_{resources} = \sum_{k=1}^{K_r}\sum_{j=1}^{m_i}\sum_{t=t_i^{EF}}^{t_i^{LF}} x_{ijt} r_{ijk_r} + \sum_{k=1}^{K_d}\sum_{j=1}^{m_i}\sum_{t=t_i^{EF}}^{t_i^{LF}} x_{ijt} r_{ijk_d} \qquad (4-3)$$

二、約束條件

每項工序都必須有計劃，以確保所有的工序如期進行，其完成時間必須在它最早完成時間和最遲完成時間之間。每項工序的執行模式的選擇也是不能忽略的一個方面。為保障問題的一般可行性，每項工序都必須有一個完成時間，且在一定模式下的最早完成時間和最遲完成時間之間，如下：

$$\sum_{j=1}^{m_i}\sum_{t=t_i^{EF}}^{t_i^{LF}} x_{ijt} = 1, \ i = 1,2,\cdots,I \qquad (4-4)$$

在項目調度中，優先序是保證安排合理性最重要的基本約束條件。在這一約束下，只有當所有的緊前工序以一定的模式完成后，緊后工序才能被安排。因此為了確保沒有違反優先序約束，見下：

$$\sum_{j=1}^{m_e}\sum_{t=t_e^{EF}}^{t_e^{LF}} tx_{ejt} + \sum_{t=t_i^{EF}}^{t_i^{LF}} p_{ij}x_{ijt} \leq \sum_{j=1}^{m_i}\sum_{t=t_i^{EF}}^{t_i^{LF}} tx_{ijt}, \ i = 1,2,\cdots,I; e \in \mathrm{Pre}(i) \qquad (4-5)$$

$\mathrm{Pre}(i)$ 是工序 i 的一項緊前活動。

在項目調度中，總資源消耗數量限制是非常重要的約束條件。可以用下面的方程來描述所有工序的資源消耗總和。當然，對所有的資源，應分別討論隨機數量限制和確定數量限制的情況。

$$\sum_{i=1}^{I}\sum_{j=1}^{m_i} r_{ijk_r} \sum_{s=t}^{t+p_{ij}+1} x_{ijs} \leq l_{k_r}^M, \ k_r, \ t = 1,2,\cdots,T \qquad (4-6)$$

$$\sum_{i=1}^{I}\sum_{j=1}^{m_i} r_{ijk_d} \sum_{s=t}^{t+p_{ij}+1} x_{ijs} \leq l_{kd}^M, \ k_d, \ t = 1,2,\cdots,T \qquad (4-7)$$

T 是一定時期內項目的適當數量。

在實際意義模型中，為描述一些非負變量和 0-1 的變量，提出下列約束

$$t_{ij}^F \geq 0, \ i = 1,2,\cdots,I; \ j = 1,2,\cdots,m_i \qquad (4-8)$$

$$t_{ij}^{EF} \geq 0, \ i = 1,2,\cdots,I; \ j = 1,2,\cdots,m_i \qquad (4-9)$$

$$t_{ij}^{LF} \geq 0, \ i = 1,2,\cdots,I; \ j = 1,2,\cdots,m_i \qquad (4-10)$$

$$x_{ijt} = 0 \text{ or } 1, \ i = 1, 2, \cdots, I; \ j = 1, 2, \cdots, m_i; \ t = 1, 2, \cdots, T \qquad (4-11)$$

三、最終模型

基於上面的討論，可以制定以下隨機型多目標 rc-PSP／mM 模型：

$$\min T_{whole} = \sum_{j=1}^{m_I} \sum_{t=t_i^{EF}}^{t_i^{LF}} tx_{Ijt}$$

$$\min C_{total} = \sum_{i=1}^{I} c_i \Big(\sum_{j=1}^{m_i} \sum_{t=t_i^{EF}}^{t_i^{LF}} tx_{ijt} - t_i^{E} \Big)$$

$$\max F_{resources} = \sum_{k=1}^{K_r} \sum_{j=1}^{m_i} \sum_{t=t_i^{EF}}^{t_i^{LF}} x_{ijt} r_{ijk_r} + \sum_{k=1}^{K_d} \sum_{j=1}^{m_i} \sum_{t=t_i^{EF}}^{t_i^{LF}} x_{ijt} r_{ijk_d}$$

$$s.t. \begin{cases} \sum_{j=1}^{m_i} \sum_{t=t_i^{EF}}^{t_i^{LF}} x_{ijt} = 1, \ i = 1, 2, \cdots, I \\ \sum_{j=1}^{m_e} \sum_{t=t_e^{EF}}^{t_e^{LF}} tx_{ejt} + \sum_{t=t_i^{EF}}^{t_i^{LF}} p_{ij} x_{ijt} \leqslant \sum_{j=1}^{m_i} \sum_{t=t_i^{EF}}^{t_i^{LF}} tx_{ijt}, \ i = 1, 2, \cdots, I, e \in \operatorname{Pre}(i) \\ \sum_{i=1}^{I} \sum_{j=1}^{m_i} r_{ijk_r} \sum_{s=t}^{t+p_{ij}+1} x_{ijs} \leqslant l_{k_r}^{M}, \ k_r, \ t = 1, 2, \cdots, T \\ \sum_{i=1}^{I} \sum_{j=1}^{m_i} r_{ijk_d} \sum_{s=t}^{t+p_{ij}+1} x_{ijs} \leqslant l_{kd}^{M}, \ k_d, \ t = 1, 2, \cdots, T \\ t_{ij}^{F} \geqslant 0, \ i = 1, 2, \cdots, I; \ j = 1, 2, \cdots, m_i \\ t_{ij}^{EF} \geqslant 0, \ i = 1, 2, \cdots, I; \ j = 1, 2, \cdots, m_i \\ t_{ij}^{LF} \geqslant 0, \ i = 1, 2, \cdots, I; \ j = 1, 2, \cdots, m_i \\ x_{ijt} = 0 \text{ or } 1, \ i = 1, 2, \cdots, I; \ j = 1, 2, \cdots, m_i; \ t = 1, 2, \cdots, T \end{cases} \qquad (4-12)$$

三個目標都需要被優化，它們之間存在不一致性，是不可比較的。如果我們想讓整個項目的工期縮短，成本及資源流都將受到影響。

一般來說，為了解決上述模型，需要將隨機變量轉變為確定性變量。最常用的處理方式是期望值模型（EVM），其主要描述不確定性的平均意義。在實踐中，當項目經理想要得到平均水平意義下的滿意措施時，EVM 模型對他們而言更加方便，

且更容易實現。考慮到案例實際，對公式（4-12）使用隨機優化理論，主要使用期望值模型處理目標和約束限制的隨機系數。

四、等效模型

基於上面的討論，我們用優化理論來解決提出的隨機問題。一般而言，在編程中涉及不確定性時很難得到最優結果，因此有必要將隨機轉變為確定得到等效模型。同時，在一個隨機環境中，有各種類型的等效模型。正因為如此，EVM 對不確定性的平均意義描述是最常見的使用方法，在隨機不確定性和確定的轉換中扮演著一個重要的角色。在實際現狀中，當管理者想要得到平均水平意義的最佳管理措施時，EVM 對他們更加方便且更容易實現。因此，EVM 更常使用。考慮到實踐事實，當施工經理想要得到最優回覆管理時，我們主要使用 EVM 處理目標和約束限制的隨機系數。這裡，最優預期回覆意味著最低遞延成本。因此，目標函數（4-2）在本書可看作下式：

$$E[C_{total}, c_i] = E\Big[\sum_{i=1}^{I} c_i \Big(\sum_{j=1}^{m_i} \sum_{t=t_i^{EF}}^{t_i^{LF}} tx_{ijt} - t_i^E\Big)\Big] \qquad (4-13)$$

i 是隨機延遲成本系數。

同時，我們使用期望值模型處理資源約束方程的隨機系數，如下：

$$E\Big[\sum_{i=1}^{I}\sum_{j=1}^{m_i} r_{ijk_r} \sum_{s=t}^{t+p_{ij}+1} x_{ijs} - l_{k_r}^M\Big] \leq 0, \ k_r = 1,2,\cdots,K_r; \ t = 1,2,\cdots,T \qquad (4-14)$$

正如我們所知，過早和遞延成本系數是完全獨立分佈的隨機變量，表示為 c_1，$c_2,\cdots,c_i,\cdots,c_I$。$\phi_i(x)$ 和 $\Phi_i(x)$ 分別表示概率密度函數和分佈函數。這裡我們定義 $a_i = \Big(\sum_{j=1}^{m_i} \sum_{t=t_i^{EF}}^{t_i^{LF}} tx_{ijt} - t_i^E\Big)$，$i = 1, 2, \cdots, I$，得到下式：

$$E\Big[\sum_{i=1}^{I} a_i c_i\Big] = E[a_1 c_1 + a_2 c_2 + \cdots + a_i c_i + \cdots + a_I c_I] \qquad (4-15)$$

根據定理 4.8 和定理 4.9，我們可由公式（4-15），得到：

$$E\Big[\sum_{i=1}^{I} a_i c_i\Big] = E[a_1 c_1] + E[a_2 c_2] + \cdots + E[a_i c_i] + \cdots + E[a_I c_I]$$
$$= a_1 E[c_1] + a_2 E[c_2] + \cdots + a_i E[c_i] + \cdots + a_I E[c_I] = \sum_{i=1}^{I} a_i E[c_i]$$

引入定理 4.7，我們可以將期望值目標函數轉化為：

$$E\left[\sum_{i=1}^{I} a_i c_i\right] = \sum_{i=1}^{I} a_i \int_{-\infty}^{+\infty} x_i \Phi_i(x)\, dx_i = \sum_{i=1}^{I} a_i \int_{-\infty}^{+\infty} x_i d\Phi_i(x)$$

基於以上，目標函數的期望值可以轉化為下式（$\Phi_i(x)$ 是隨機遞延成本 c_i 的分佈函數）：

$$E[C_{total}, c_i] = E\left[\sum_{i=1}^{I} c_i \left(\sum_{j=1}^{m_i} \sum_{t=t_i^{EF}}^{t_i^{LF}} tx_{ijt} - t_i^{E}\right)\right]$$

$$= \sum_{i=1}^{I} \left(\sum_{j=1}^{m_i} \sum_{t=t_i^{EF}}^{t_i^{LF}} tx_{ijt} - t_i^{E}\right) E[c_i]$$

$$= \sum_{i=1}^{I} \left(\sum_{j=1}^{m_i} \sum_{t=t_i^{EF}}^{t_i^{LF}} tx_{ijt} - t_i^{E}\right) \left(\int_{-\infty}^{+\infty} x_i d\Phi_i(x)\right)$$

另一個方面，當考慮 $\Phi_{k_r}(y)$ 是隨機資源限制 $l_{k_r}^{M}$ 的分佈函數時，方程（4-14）可轉化為：

$$E\left[\sum_{i=1}^{I} \sum_{j=1}^{m_i} r_{ijk_r} \sum_{s=t}^{t+p_{ij}+1} x_{ijs} - l_{k_r}^{M}\right] \leq 0, \quad k_r = 1, 2, \cdots, K_r;\ t = 1, 2, \cdots, T$$

$$\sum_{i=1}^{I} \sum_{j=1}^{m_i} r_{ijk_r} \sum_{s=t}^{t+p_{ij}+1} x_{ijs} - E[l_{k_r}^{M}] \leq 0, \quad k_r = 1, 2, \cdots, K_r;\ t = 1, 2, \cdots, T$$

$$\sum_{i=1}^{I} \sum_{j=1}^{m_i} r_{ijk_r} \sum_{s=t}^{t+p_{ij}+1} x_{ijs} \leq E[l_{k_r}^{M}] \leq \left(\int_{-\infty}^{+\infty} y_{k_r} d\Phi_{k_r}(y)\right), \quad k_r = 1, 2, \cdots, K_r;\ t = 1, 2, \cdots, T$$

因此，通過期望值轉換的過程，目標函數和資源限制在確定的條件下可以得到解決。我們的 EVM 問題進一步說明如下：

$$\min T_{whole} = \sum_{j=1}^{m_I} \sum_{t=t_I^{EF}}^{t_I^{LF}} tx_{Ijt}$$

$$\min T_{whole} = \sum_{j=1}^{m_I} \sum_{t=t_I^{EF}}^{t_I^{LF}} tx_{Ijt}$$

$$\min C_{total} = \sum_{i=1}^{I} \left(\sum_{j=1}^{m_i} \sum_{t=t_i^{EF}}^{t_i^{LF}} tx_{ijt} - t_i^{E}\right) \left(\int_{-\infty}^{+\infty} x_i d\Phi_i(x)\right)$$

$$\max F_{resources} = \sum_{k=1}^{K_r} \sum_{j=1}^{m_i} \sum_{t=t_i^{EF}}^{t_i^{LF}} x_{ijt} r_{ijk_r} + \sum_{k=1}^{K_d} \sum_{j=1}^{m_i} \sum_{t=t_i^{EF}}^{t_i^{LF}} x_{ijt} r_{ijk_d}$$

$$s.t. \begin{cases} \sum_{j=1}^{m_i} \sum_{t=t_i^{EF}}^{t_i^{LF}} x_{ijt} = 1, \ i = 1,2,\cdots,I \\ \sum_{j=1}^{m_e} \sum_{t=t_e^{EF}}^{t_e^{LF}} tx_{ejt} + \sum_{t=t_i^{EF}}^{t_i^{LF}} p_{ij} x_{ijt} \leq \sum_{j=1}^{m_i} \sum_{t=t_i^{EF}}^{t_i^{LF}} tx_{ijt}, \ i = 1,2,\cdots,I; e \in \text{Pre}(i) \\ \sum_{i=1}^{I} \sum_{j=1}^{m_i} r_{ijk_r} \sum_{s=t}^{t+p_{ij}+1} x_{ijs} \leq \left(\int_{-\infty}^{+\infty} y_{k_r} d\Phi_{k_r}(y) \right), \ k_r = 1,2,\cdots,K; \ t = 1,2,\cdots,T \\ \sum_{i=1}^{I} \sum_{j=1}^{m_i} r_{ijk_d} \sum_{s=t}^{t+p_{ij}+1} x_{ijs} \leq l_{kd}^{M}, \ k_d = 1,2,\cdots,K_d; \ t = 1,2,\cdots,T \\ t_{ij}^{F} \geq 0, \ i = 1,2,\cdots,I; \ j = 1,2,\cdots,m_i \\ t_{ij}^{EF} \geq 0, \ i = 1,2,\cdots,I; \ j = 1,2,\cdots,m_i \\ t_{ij}^{LF} \geq 0, \ i = 1,2,\cdots,I; \ j = 1,2,\cdots,m_i \\ x_{ijt} = 0 \text{ or } 1, \ i = 1,2,\cdots,I; \ j = 1,2,\cdots,m_i; \ t = 1,2,\cdots,T \end{cases}$$

(4-16)

第四節 求解算法及案例應用

一、求解算法

rc-PSP／mM 問題屬於典型 NP-hard 類型。因此學者們提出了一些啟發式方法和具體算法，解決其求解困難問題。基於對上述模型的全面理解，本章提出了一種更加合理和有效的新算法來解決多目標隨機情況下的 rc-PSP／mM，即：（r）a-hGA 方法。此算法由處理隨機變量的隨機模擬遺傳算法（GA）(r)，處理多目標的加權求和過程，以及處理 rc-PSP／mM 的自適應混合遺傳算法（a-hGA）組合而成。

針對需解決的問題，算法步驟如下：

步驟 1：設置遺傳算法的初始值和參數（種群數量 pop_size、交叉概率 p_c、突變概率 p_m 和最大進化代數 max_gen）。

步驟 2：形成初始種群。

步驟 3：遺傳算子，交叉和變異。

步驟 4：在 GA 循環中應用迭代爬山法。

步驟 5：評價和選擇。

步驟 6：對自適應地調節 GA 參數應用啓發式探索（即交叉率和變異算子）。

步驟 7（停止條件）：如果在遺傳搜索過程中達到一個預定義的最大代數或最優解，就停止，否則轉到步驟 3。

具體的程序步驟如附錄程序 4.1 所示例。

二、案例分析

案例是一個標段的城際間高速公路建設工程項目，其中包括橋樑建設的安裝工程任務，如下圖 4.2 所示。項目經理需要優化項目工作，但却面對不確定的情況，如資源供應取決於市場供給和需求的變化，在本章前面已完成風險的識別和評估。使用提出的模型和方法來幫助進行安裝工程的調度。項目安裝工程有十項工序，兩個虛工序，每個工序都有一定的執行模式，時間單位為周，相應的數據如下表 4.1 所示。

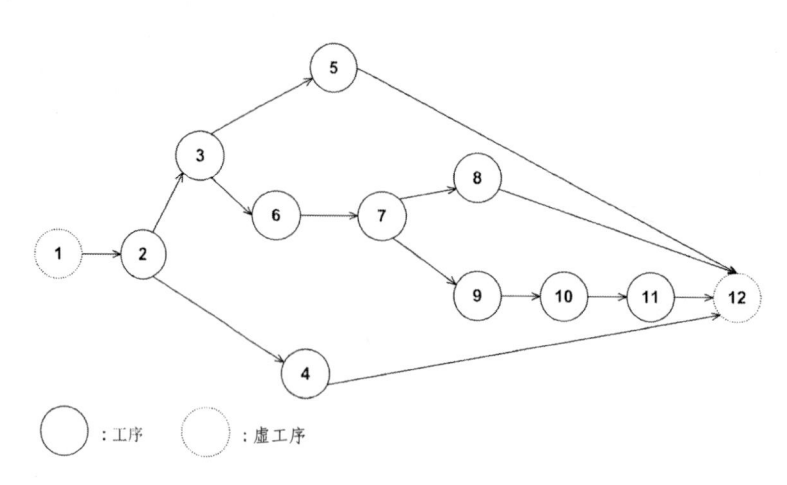

圖 4.2 項目安裝工程示例

表 4.1　　　　　　　　　　　　　工序數據（w）

節點	1	2	3	4	5	6
名稱	虛工序	澆築圓柱	建立主梁，預制橋跨結構	調試和運行橋體結構1	澆築圓柱	立牆
模式	1	2	3	3	2	3
緊后	2	3, 4	5, 6	12	12	7
預計完成時間	——	14	3	8	10	13
節點	7	8	9	10	11	12
名稱	構築框架結構	調試和運行橋體結構2	鋪設防潮層	安裝護欄	防水	虛工序
模式	3	3	2	3	3	1
緊后	8, 9	12	10	11	12	——
預計完成時間	8	7	5	5	4	

　　與此同時，調度中涉及三種類型的資源，即人力、設備和材料。這裡，為了方便統一計算不同類型的單個資源和在第三個目標資源流的三種資源，一致測量所有資源的消耗量，將其轉換成現金消耗（單位1,000元）。提前和延期成本系數和材料資源限制可視為完全獨立分佈的隨機變量，如前面風險識別和評估所論。確定型的另外兩個資源消耗分別是5.11（單位1,000元）和4.97（單位1,000元）。每個工序資源消耗的詳細數據如下表4.2所示。

表 4.2　　　　　　工序執行模式的資源消耗（1,000元）

工序	模式	持續時間	資源消耗 人力	資源消耗 機械	資源消耗 材料
1			虛工序		
2	1	15	4.10	3.86	2.12
	2	13	3.20	5.01	2.92
3	1	3	2.07	3.11	1.86
	2	2	2.82	2.02	1.13
	3	1	1.91	2.10	1.25
4	1	9	4.11	3.18	1.94
	2	6	2.10	3.10	2.20

表4.2(續)

工序	模式	持續時間	資源消耗 人力	資源消耗 機械	資源消耗 材料
	3	4	1.98	1.14	1.25
5	1	11	4.89	3.02	2.20
	2	9	4.01	2.14	1.01
6	1	14	4.21	3.15	2.08
	2	13	5.10	1.96	3.10
	3	11	3.05	3.81	4.87
7	1	8	3.94	1.98	2.20
	2	6	4.07	3.01	3.20
	3	5	3.14	0.97	1.96
8	1	8	2.99	3.12	1.96
	2	6	4.32	1.88	3.75
	3	4	2.12	0.99	1.86
9	1	5	3.23	3.04	2.17
	2	3	3.86	2.98	2.24
10	1	6	4.89	1.89	2.99
	2	4	4.12	2.29	2.96
	3	3	3.16	1.87	1.14
11	1	5	3.83	2.10	3.11
	2	4	3.02	2.17	2.93
	3	3	2.11	0.98	3.10
12		虛工序			

應用提出的模型（4-12）到案例中，基於 Visual C++的運行（r）a-hGA 算法。程序運行參數設置為：種群規模為 20，交叉和變異率分別為 0.6 和 0.1，最大進化代數是 200。

可以得到調度解決方案：目標函數的最優值 T_{whole}^{*} = 52（周），C_{total}^{*} = 15,890（元），$F_{resources}^{*}$ = 77,000（元）。工序進度順序如表 4.3 所示。

表 4.3　　　　　　　　　　　案例工序進度順序

工序順序	2	3	6	4	7	9	8	10	11	5
模式	2	3	3	3	3	1	3	3	1	2
最優適應值					0.505,5					
最優迭代數					67					

可以看到，用提出的模型及算法能夠有效解決問題。該方法對處理一些重複的問題都是可行且有效的。

目前，確實存在許多可行的算法來解決 rc-PSP/mM 問題。本章所提出的新算法（r)a-hGA，其由隨機模擬遺傳算法（GA)(r) 處理隨機變量，加權求和過程處理多目標，自適應混合遺傳算法（a-hGA）處理 rc-PSP/mM 組合而成。目的在於更加合理和有效地解決隨機情況下多目標的 rc-PSP/mM。此方法專門使用隨機模擬技術來解決多重積分的期望值模型。加權求和是一個基本且實用的使用方法，在管理實踐時往往集中多個目標，反應出項目經理對每個目標重要性的看法。考慮到遺傳算法，為工序優先級提出了優先級編碼，為活動模式提出了多級編碼，對於遺傳算法編碼有相應的解碼，專為 rc-PSP/mM 設計，以便於更加有效地處理約束和不確定的方程模型。

在本章中，還通過使用相同的程序語言，將（r)a-hGA 與（r)GA（隨機模擬遺傳算法）和（r)hGA（隨機模擬混合遺傳算法）比較，可以看到提出的（r)a-hGA 的效率和有效性更好。（r)GA 是由擅長隨機模擬的 John 和 Holland 創建的算法，（r)hGA 是由擅長隨機模擬的 Michalewicz 創建的遺傳算法。三個算法使用相同的遺傳算法參數（交叉和變異比率分別為 0.6 和 0.1），算法迭代過程如圖 4.3 所示。

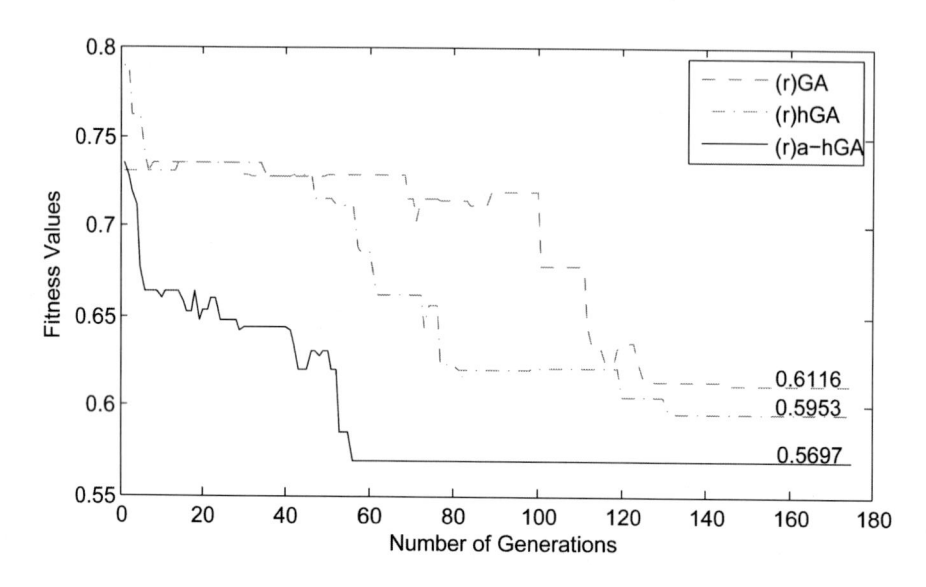

图 4.3 (r)GA、(r)hGA、a-hGA(r) 應用程序的迭代過程

從上面的圖表，可以分析收斂行為，並得出結論，即 (r)a-hGA 明顯優於其他兩個。根據上圖趨勢，可以清楚地看到這三種算法開始的初始結果可能無所區別。然而，隨著算法的繼續，a-hGA 的迭代次數超過其他兩個，這顯然可以更快地得到收斂結果。

為了進一步驗證算法的結果，以不同的 *pop_size* 和 *max_gen* 運行案例問題，避免進化環境所產生的影響。每個數值實驗運行 10 次，如表 4.4 所示。

表 4.4　　　　　(r)GA, (r)hGA, (r)a-hGA 的比較

(ACT, 平均計算時間; AIT, 平均迭代數)

序號	種群規模	最大迭代數	(r)a-hGA ACT	(r)a-hGA AIT	(r)hGA ACT	(r)hGA AIT	(r)GA ACT	(r)GA AIT
1	10	100	1.02	76	1.32	90	2.85	96
2	20	200	2.21	67	3.30	77	3.58	95
3	30	300	2.38	62	3.38	63	7.30	90

上表顯示，對於這個問題，(r)a-hGA 比其他的結果更好。當算法在不同的進化環境下運行時，可以得到每個算法的平均計算時間（ACT）和平均迭代次數

(AIT)。一方面，可以看到(r)a-hGA平均計算時間和平均迭代次數較低，它可以更快地得到收斂結果；另一方面，為了確保更有效和更好的結果，對實驗設置合理種群規模和最大迭代數非常重要。

通過三種算法結果的比較分析，可以得出結論，(r)a-hGA可以持續有效地獲得一個更好的結果。

第五章　大型水利水電建設工程項目質量風險損失控制——模糊型

　　[大型水利水電建設工程項目依託於龐大的供應鏈系統，這對質量保障提出了更高的要求。

　　在當下連續變化的高風險環境下，適應性的質量管理方法和可行的管理工具是必要的，強調解決預先存在的問題比事后補救更加重要。]

　　　　　　　　　——預制質量失效模式的不確定性導致模糊型風險

第一節　項目問題概述

　　在21世紀，一個發達市場的供應鏈不再是一個簡單的形式（供應商、服務和客戶），而是多層、跨區域的，甚至可成為全球供應鏈的國際連鎖節點（GSC）。在這種情況下，供應鏈已經演變成一個重複的系統，依靠多站點組裝的高度集成的環球資源分銷系統。雖然過程中難免面臨難以預測的多變的情況，但這顯然是諸如大規模的跨區域建設項目（以典型的大型的水利水電建設工程項目為代表）所面臨的現狀。

　　因此，在GSC的DA中，許多重要的行業，如大型的水利水電建設工程項目在一個國家的發展中扮演著一個重要的角色，亟需更多更具有針對性的質量管理標準或方法。特別是，如何結合如「敏捷性」和持續變化這些特點有效體現在GSC的DA中，確實是行業中迫切需要解決的問題。本章著重考慮的問題是：為項目供應過程中基礎且重要的生產、技術環節中潛在的質量問題提出建議，保障其在不同的

GSC 中的 DA 生命週期實施順利。

一、對 GSC 中 DA 的簡要敘述

DA 的出現是為了適應 GSC 中的「敏捷性」和連續變化的特點。正如我們所知，供應鏈是一個網，由很多企業作為鏈節點。隨著市場波動，DA 被創建、運作及解散，然后一次又一次地快速重組，旨在為服務市場已經預見到的需求服務。在 DA 的整個生命週期內，很多企業會將採購、生產、交付和其他功能等工作打包。圖 5.1 顯示了 GSC 中 DA 重組的整個生命週期。

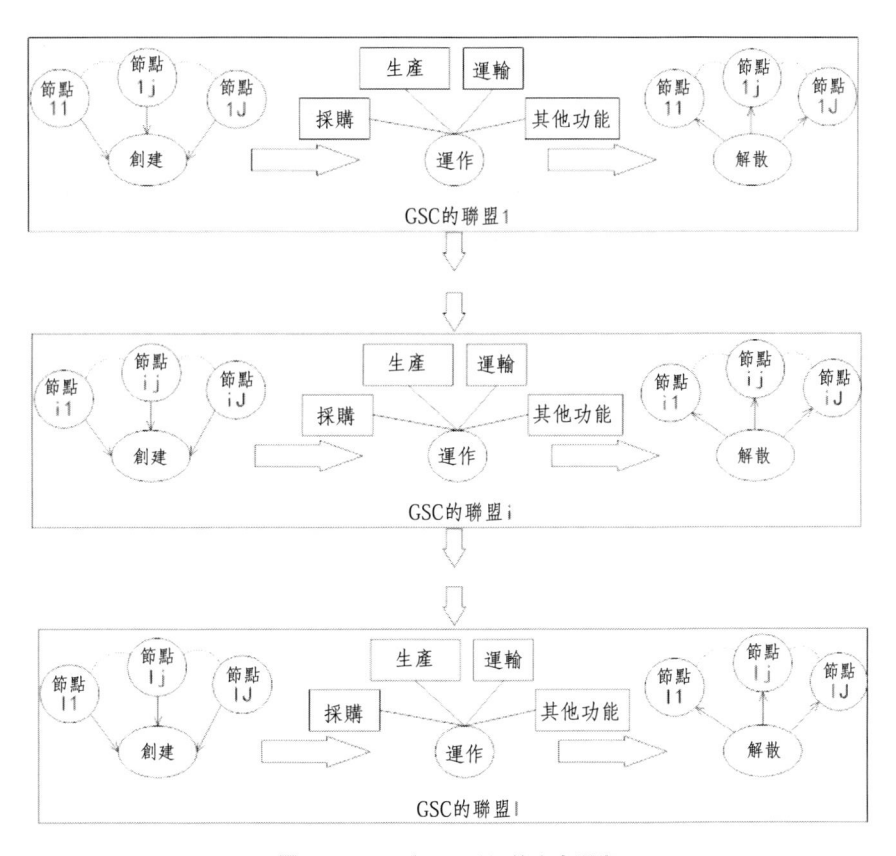

圖 5.1　GSC 中 DA 重組的生命週期

在創建階段，針對一個新的市場，選擇居於不同層次和擁有不同地位的節點企業迅速結成聯盟。然後，這些鏈節點為實現 GSC 的目標將分別實施自己的職能。目

標實現后，聯盟將解散。當以另一個新市場為目標時，另一個新的聯盟將創建並且開始新的生命週期。

二、FMEA 在 GSC 中 DA 的簡述

在 GSC 中，DA 整個生命週期的創建、運作、解散會一次又一次地重複。工程項目團隊通過不同的鏈節點企業實現基本且重要的生產、技術環節。而不同企業的資質和實施經驗讓他們即便面對同一個生產或技術環節都有可能存在不同的潛在問題，且甚至出現成倍放大問題，嚴重影響整個生產、服務、建設過程。因此，GSC 中 DA 的「敏捷性」和持續變化等特點肯定會加劇質量風險。故應用先進的失效模式和影響分析（FMEA）這個有效的 6δ 管理方法工具，並結合模糊關係模型來反應風險的不確定性，能夠促進深層次質量的改進設計、服務和建設過程，實現可靠的事先分析。

其中，確定失效模式和評估其嚴重性是整個 FMEA 質量管理中最關鍵的任務，這是為接下來的任務做準備，應該作為基礎性的工作來完成。此外，這也是最耗時的且任務負擔最重的，特別是在 GSC 的 DA 中應用 FMEA 來進行質量管理時，會出現更加繁瑣的情況。在控制論領域，這通常被視為一個典型的系統識別問題。同時，模糊關係模型的相關理論和方法適合描述這樣的重複系統，可用於完成失效模式識別和評估其重要性的任務。為了得到模糊關係模型的有效預測結果，本章將對 GSC 中 DA 節點企業（或項目團隊）實施基本生產或工藝過程的參數評估結果作為模型的輸入，所有可能的失效模式及其嚴重程度作為模型的輸出。為提高識別的精度和改善模型的長期適應性，自我調節和動態更新機制也需要融入模糊關係模型中，並應考慮使用方便、有效、可用的算法。圖 5.2 顯示的是 FMEA 結合模糊關係模型在 GSC 的 DA 中的應用流程圖。

綜上所述，本章使用模糊關係模型來得到識別失效模式及其嚴重性的預測結果，然后結合識別結果實現整個 FMEA 的過程，進而實現在高風險下對 GSC 中 DA 的質量保證和改善質量管理的目標。

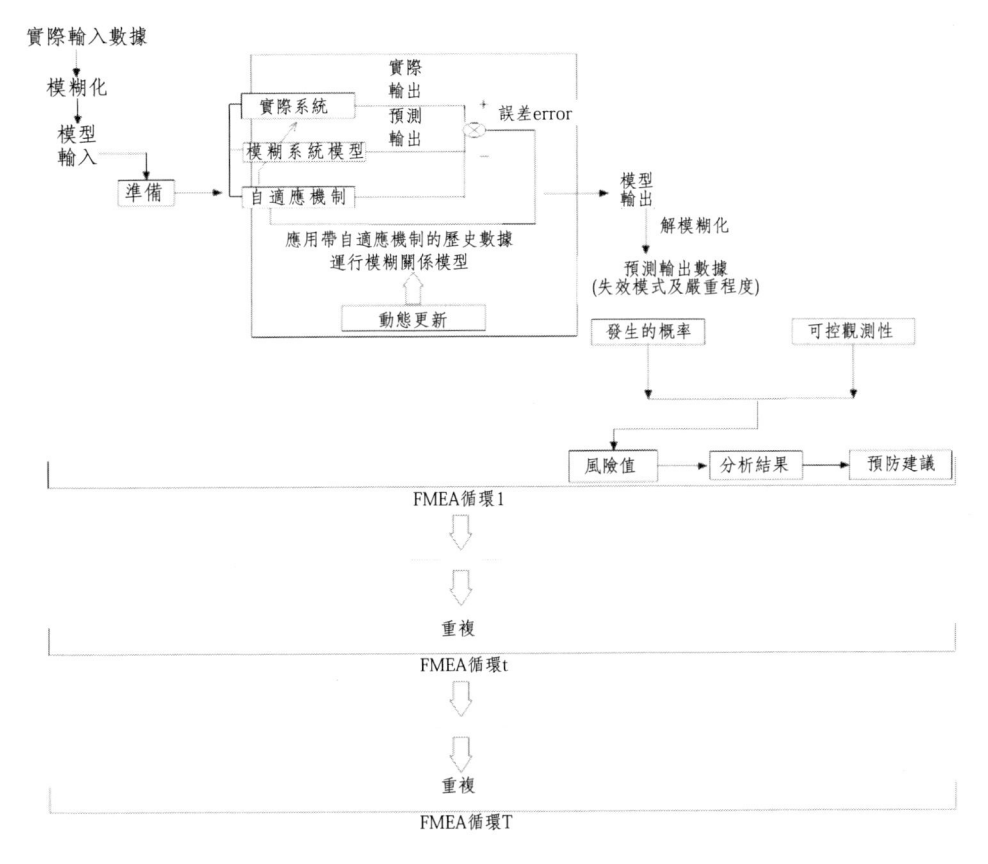

圖 5.2　FMEA 結合模糊關係模型在 GSC 中 DA 中的應用流程圖

第二節　風險損失控制模型建立

本章的質量風險損失控制建模的是定量和定性結合的，模型符號定義如附錄符號 5.1 所示。模型始於 GSC 中 DA 節點企業（或項目團隊）實施基本生產或工藝的過程，這意味著一個新的動態聯盟已經創建了，如圖 5.2 所示。

一、前期準備階段

為了實現提出的質量管理 FMEA 模糊關係模型在 GSC 中 DA 的應用，充分的前

期準備是必不可少的保證，包括如下：

（1）明確在 GSC 中 DA 的質量管理改進的目標。

（2）一個集結了各種類型專業人士組成的多層次、多功能的團隊是保障人力資源的基礎。

（3）細分生產或工藝過程的完成和服務步驟。必須找到每個產品完成和服務體系的細分子系統，以最基礎的環節作為方法應用和討論的基本單位。

（4）找到針對生產或工藝過程必需的關鍵且重要的基礎環節。

（5）為了得到模糊關係模型，用於建立模型的歷史數據是必不可少的先決條件。數據的採集方法如下所示：

- 如果已有針對 FMEA 的管理過程，可綜合使用歷史數據。
- 如果沒有現成的 FMEA 的管理過程，組織安排規模適宜的實驗來執行 FMEA 過程也可獲取數據。

FMEA 結合模糊關係模型的輸入和輸出項都基於歷史數據。在 GSC 的 DA 的質量管理應用中，輸入項是在每一個不同的全壽命週期循環裡，對 GSC 中 DA 節點企業（或項目團隊）實施基本生產或工藝過程的參數評估結果。輸出項目則為生產或工藝過程必需的關鍵且重要基礎環節中所有可能出現的失效模式及其嚴重程度。為了更準確清楚地描述所有輸入和輸出項目，評估值被定義在一個實數的邊界 [0, 10] 內，精確度可至 0.1。評估標準及模型輸入、輸出項意義如表 5.1 中所示。

表 5.1　　　　　　　評估標準及模型輸入、輸出項意義

輸入

質量等級	極好	非常優秀	優秀	非常好	好	中等	不錯	較為不錯	糟糕	非常糟糕	不合格
價值	10	9	8	7	6	5	4	3	2	1	0

輸出

失效模式的嚴重程度	嚴重沒有報警	嚴重帶有報警	非常高	高	中等	低	非常低	輕微	十分微弱	極其微弱	沒有
價值	10	9	8	7	6	5	4	3	2	1	0

二、失效模式及其嚴重程度

基於充分的準備，應用 FMEA 質量管理首要也是最重要的階段是失效模式及其嚴重程度的識別。當一個確定的輸入出現時，其模糊關係模型是由歷史數據結合自我優化和動態更新機制預測而來。這裡，把每一個在 GSC 中 DA 的節點企業（或項目團隊）實施基本生產或工藝的過程，在每個不同的全壽命週期循環的歷史作為一期的數據。考慮到輸入和項目，可以根據實施者的資格以及產品、服務過程按類型去確認進而可以避免重項和漏項。

1. 模糊的輸入和輸出數據

在 [0, 10] 中劃分 10 等級的輸入和輸出數據，每個的定義如下：

$$G_k \triangleq [k-1, k]$$

然后，基於這 10 等級建立 10 個模糊集合，確認每個模糊集的隸屬度函數。在這裡，在公式（5-1）使用一個梯形模糊變量，它可以用來準確地描述評價的模糊屬性值。

$$\mu_1(x) = \begin{cases} 1, & if\ 0 \leq x \leq 0.75 \\ \dfrac{x-1.5}{0.75-1.5}, & if\ 0.75 \leq x \leq 1.5 \end{cases} \quad ; \quad \mu_2(x) = \begin{cases} \dfrac{x-0.5}{1.25-0.5}, & if\ 0.5 \leq x \leq 1.25 \\ 1, & if\ 1.25 \leq x \leq 1.75 \\ \dfrac{x-2.5}{1.75-2.5}, & if\ 1.75 \leq x \leq 2.5 \end{cases} \quad ;$$

$$\mu_3(x) = \begin{cases} \dfrac{x-1.5}{2.25-1.5}, & if\ 1.5 \leq x \leq 2.25 \\ 1, & if\ 2.25 \leq x \leq 2.75 \\ \dfrac{x-3.5}{2.75-3.5}, & if\ 2.75 \leq x \leq 3.5 \end{cases} \quad ; \quad \mu_4(x) = \begin{cases} \dfrac{x-2.5}{3.25-2.5}, & if\ 2.5 \leq x \leq 3.25 \\ 1, & if\ 3.25 \leq x \leq 3.75 \\ \dfrac{x-4.5}{3.75-4.5}, & if\ 3.75 \leq x \leq 4.5 \end{cases} \quad ;$$

$$\mu_5(x) = \begin{cases} \dfrac{x-3.5}{4.25-3.5}, & if\ 3.5 \leq x \leq 4.25 \\ 1, & if\ 4.25 \leq x \leq 4.75 \\ \dfrac{x-5.5}{4.75-5.5}, & if\ 4.75 \leq x \leq 5.5 \end{cases} \quad ; \quad \mu_6(x) = \begin{cases} \dfrac{x-4.5}{5.25-4.5}, & if\ 4.5 \leq x \leq 5.25 \\ 1, & if\ 5.25 \leq x \leq 5.75 \\ \dfrac{x-6.5}{5.75-6.5}, & if\ 5.75 \leq x \leq 6.5 \end{cases} \quad ;$$

$$\mu_7(x) = \begin{cases} \dfrac{x-5.5}{6.25-5.5}, & if\ 5.5 \leqslant x \leqslant 6.25 \\ 1, & if\ 6.25 \leqslant x \leqslant 6.75 \\ \dfrac{x-7.5}{6.75-7.5}, & if\ 6.75 \leqslant x \leqslant 7.5 \end{cases} \ ;\ \mu_8(x) = \begin{cases} \dfrac{x-6.5}{5.75-6.5}, & if\ 6.5 \leqslant x \leqslant 7.25 \\ 1, & if\ 7.25 \leqslant x \leqslant 7.75 \\ \dfrac{x-8.5}{7.75-8.5}, & if\ 7.75 \leqslant x \leqslant 8.5 \end{cases} \ ;$$

$$\mu_9(x) = \begin{cases} \dfrac{x-7.5}{8.25-7.5}, & if\ 7.5 \leqslant x \leqslant 8.25 \\ 1, & if\ 8.25 \leqslant x \leqslant 8.75 \\ \dfrac{x-8.5}{8.75-9.5}, & if\ 8.75 \leqslant x \leqslant 9.5 \end{cases} \ ;\ \mu_{10}(x) = \begin{cases} \dfrac{x-8.5}{9.25-8.5}, & if\ 8.5 \leqslant x \leqslant 9.25 \\ 1, & if\ 9.25 \leqslant x \leqslant 10 \end{cases}$$

(5-1)

基於模糊集的隸屬函數(5-1),可以由輸入和輸出項變量(例如 I_{mt}、O_{nt})決定某些模糊集的模糊屬性,如公式(5-2)和(5-3)所示。

因此,可以找出模糊集中每個輸入和輸出項變量對應的屬性。因此,輸入和輸出數據的模糊化就可以完成。

如果 $\mu_{F_s}(I_{mt}) = \max[\mu_{F_1}(I_{mt}), \mu_{F_2}(I_{mt}), \cdots, \mu_{F_s}(I_{mt})]$,

I_{mt} 對 F_s 的屬性定義為:

$$F(I_{mt}), \mu(I_{mt}) = \mu_{F(I_{mt})}(I_{mt}) \tag{5-2}$$

如果 $\mu_{F_s}(O_{nt}) = \max[\mu_{F_1}(O_{nt}), \mu_{F_2}(O_{nt}), \cdots, \mu_{F_s}(O_{nt})]$,

O_{nt} 對 F_s 的屬性定義為:

$$F(O_{nt}), \mu(O_{nt}) = \mu_{F(O_{nt})}(O_{nt}) \tag{5-3}$$

2. 確認模糊關係模型的結構

模糊關係模型是一個預測性的模型。它是由輸入項通過一系列模糊關係規則配置從而得到輸出項的結果值。通過對輸入和輸出項變量的相關分析可以獲得預測模型產生的預測價值。因此,確認輸入和輸出項的結構變量主要是依賴相關分析。另外,本章建立的識別系統模型可進行多個輸入和多個輸出,因此,得出的所有的輸出項變量都是在模糊關係模型中通過輸入變量得出的精確的確認結果。此外,時滯是不能忽視的可配置因素。因此,進行相關分析的目的是分析每個輸出項的變量本身和所有輸入項變量考慮時滯的情況下的相關性。所以,確認結構如公式(5-4)

所示：

$$[I_{1(t-a)},\cdots,I_{m(t-a)},\cdots,I_{M(t-a)},O_{n(t-a)},O_{nt}]$$
$$a=1,2,\cdots,A, b=1,2,\cdots,B; n=1,2,\cdots,N \tag{5-4}$$

針對每一個輸出項變量本身和所有其他輸入項變量，考慮時間延遲的情況下做質量相關分析。以建立的模糊集合為索引，使用各個不同的全壽命週期中每個輸入和輸出項變量作為分析數據。這些相關分析結果給出了由原始輸入項變量當前時期的可用輸入項變量，以及原始輸入項變量的時間滯后和原始輸出項變量的時間滯后時期。定義新組成的輸入項 x_{lt}，指數 l 表示輸入項變量，滯后時期為 t。

另外，考慮到提出的模型所要表達的意義以及在 GSC 中 DA 的實際應用的事實，不同實施者的質量和評估價值不會對彼此造成多大的影響，也就是說，不需要考慮過多的時間滯后的相關分析。因此，為每個輸入和輸出項變量擴大兩個週期的相關分析時間就足夠了。

3. 確認模糊關係規則

在確認的每個輸出本身和所有輸入項目考慮時間延遲的基礎上，根據模糊規則怎樣去預測每個特定的輸入項的輸出項是關鍵問題。在這裡，通過相關分析，可以相對於輸出項變量而言，考慮可使用的輸入項變量。

下面是如何獲得每個輸出項變量的模糊關係規則的過程。

第一步：計算在所有 t 時內，所有有效的輸入和輸出數據的可能性分佈模糊集如下所示：

$$\begin{cases} p_{lts} \triangleq poss(F_s \mid x_{lt}) = \mathrm{supmin}[F_s(x_{lt}), \mu(x_{lt})], \\ l=1,2,\cdots,L; s=1,2,\cdots,S \\ p_{nts} \triangleq poss(F_s \mid O_{nt}) = \mathrm{supmin}[F_s(O_{nt}), \mu(O_{nt})], \\ n=1,2,\cdots,N; s=1,2,\cdots,S \end{cases} \tag{5-5}$$

這裡，設定 $\mu(x_{lt})$ 是隸屬 x_{lt} 的函數，$\mu(O_{nt})$ 是隸屬 O_{nt} 的函數。

第二步：構造向量 $t=1,2,\cdots,T$，如下所示：

$$\begin{cases} p_{lt}=[p_{lt1},\cdots,p_{lts},\cdots,p_{ltS}], l=1,2,\cdots,L \\ p_{nt}=[p_{nt1},\cdots,p_{nts},\cdots,p_{ntS}], l=1,2,\cdots,n \end{cases} \tag{5-6}$$

第三步：構造在所有 t 時期模糊關係規則 R_{nt}，如下所示：

$$R_{nt}=p_{1t}\times\cdots p_{lt}\times\cdots p_{Lt}\times p_{nt},\ n=1,2,\cdots,N \tag{5-7}$$

這裡，×表示笛卡爾操作，如下所示：

$$R_{nt}(1_r,\cdots,l_r,\cdots,L_r,n_r) = \min[p_{1tl_r},\cdots,p_{ltl_r},\cdots,p_{Ltl_r},p_{ntn_r}] \tag{5-8}$$
$$1_r,\cdots,l_r,\cdots,L_r,n_r=1,2,\cdots,S;\ n=1,2,\cdots,N$$

這裡，使用最大、最小運算符，$1_r,\cdots,l_r,\cdots,L_r,n_r=1,2,\cdots,S$ 表示笛卡爾操作的維度。

第四步：計算 n 的綜合模糊關係規則輸出項變量，如下所示：

$$R_n = \bigcup_{t=1}^{T} R_{nt}$$
$$i.e.$$
$$R_n(1_r,\cdots,l_r,\cdots,L_r,n_r) = \bigvee_{t}^{T} R_{nt}(1_r,\cdots,l_r,\cdots,L_r,n_r) \tag{5-9}$$
$$1_r,\cdots,l_r,\cdots,L_r,n_r=1,2,\cdots,S;\ n=1,2,\cdots,N$$

4. 預測輸出

當模糊關係規則 R_{nt} 對 n 輸入項變量是已知的，那麼獲得輸出項變量的預測價值如下所示：

第一步：找到在週期 t 最鄰近的每個新輸入項變量 x_{1t}，$l=1,2,\cdots,L$ 的模糊集 $F_{1t\lambda}$，其中 λ_l 如下所示：

$$\lambda_l = \{s \mid p_{lts} > q,\ s=1,2,\cdots,S\},\ l=1,2,\cdots,L \tag{5-10}$$

在這裡，$0<q<1$ 是預先設定的值。

第二步：如果 λ_l 是獨立的，預測輸出的模糊集變量屬性如下所示：

$$\overline{F_{O_{nt}}} = \max_{n_s}\min[R_n(\lambda_1,\cdots,\lambda_l,\cdots,\lambda_L,n_s),\mu(O_{nt})] \tag{5-11}$$
$$n=1,2,\cdots,N;\ n_s=1,2,\cdots,S$$

如果 λ_l 不是獨立的，定義為 $\lambda_l^{(1)},\cdots,\lambda_l^{(e)},\cdots,\lambda_L^{(E)}$，將（5-11）轉化，如下所示：

$$\overline{F_{O_{nt}}} = \max_{\lambda_l^{(e)}}\cdots\max_{\lambda_l^{(e)}}\cdots\max_{\lambda_L^{(e)}}\max_{n_s}\min[R(\lambda_1,\cdots,\lambda_l,\cdots,\lambda_L,n_s),\mu(O_{nt})]$$
$$l=1,2,\cdots,L;\ \lambda_l=\lambda_l^{(1)},\cdots,\lambda_l^{(e)},\cdots,\lambda_l^{(E)};\ n=1,2,\cdots,N;\ n_s=1,2,\cdots,S \tag{5-12}$$

第三步：根據隸屬函數預測模糊集合使用的區域，輸出項變量的預測價值用 $\overline{O_{nt}}$

來表示。

5. 檢查有效性規則

在獲得模糊關係規則后，檢查有效性規則是十分必要的。這裡通過計算輸出項變量實際的平均方差和預測價值來獲得，如公式（5-13）所示：

$$P_n = \frac{1}{T} \sum_{t=1}^{T} (O_{nt} - \overline{O_{nt}})^2 \qquad (5\text{-}13)$$

6. 自我調節優化和動態更新機制

顯然地，模糊關係模型是根據輸入和輸出的數據在一系列時期之上建立的。因此，為了提高預測的精度，可以提出基於模型評估價值和預測價值之間誤差，調整模糊關係規則，步驟如下：

步驟1：隨機選擇一組針對某模糊關係規則的輸入項變量值和合理範圍內預測的輸出項變量值。

步驟2：計算選定的模糊關係規則的實際評估價值和預測價值的誤差，如公式（5-14）所示：

$$error_{nt'} = O_{nt'} - \overline{O_{nt'}} \qquad (5\text{-}14)$$

步驟3：如果 $error_{nt'} = 0$，那麼執行另一個規則，否則，實際評估價值將取代預測值。

此外，隨著時間的推移，實際系統是變化的，所以一個動態更新的模糊規則是必要的，由此提出的適應性模型，如下所示：

步驟1：通過模糊關係模型與特定的輸入項變量的值計算一個針對輸出項變量的預測價值。

步驟2：如果不能完成步驟1，也就意味著使用這個特定的評估值無法完成失效模式識別以及嚴重程度評估的過程。因此可以得到一個新的模糊關係規則，並將其添加到針對輸出的模糊關係模型中。

步驟3：否則，動態更新過程結束。

7. 穩定性分析

任何一個預測模型，穩定性分析是必需的。考慮到公式（5-14），使用李雅普諾夫函數，如下所示：

$$V(error, time) = \frac{1}{2}error^{Time}(time)e(time) > 0 \quad (5-15)$$

這裡 $error^{Time}(time)$ 近似為 $error^{Time}(time_t) = \frac{1}{2}[error(time_{t+1}) - error(time_t)]/Time_h$，其中，$Time_h$ 是採樣時間，由此得公式（5-16）：

$$\dot{V}(error, time_t) = \frac{1}{Time_h}error^{Time}(time_t)[e(time_t+1) - e(time_t)] \quad (5-16)$$

定義 $\dot{V}_t \triangleq \dot{V}(error, time_t)$，$error \triangleq error(time_t)$，即公式（5-17）：

$$\dot{V}_t = \frac{1}{Time_h}[-error_t^{Time}error_t + error_t^{Time}(O_{t+1} - \overline{O_{t+1}})] \quad (5-17)$$

因此，在 $time_t$ 中，為保證 $\dot{V}(error, time_t)$，有效條件如公式（5-18）所示：

$$O_{t+1} - \overline{O_{t+1}} < error_t \quad (5-18)$$

考慮方法中引入了自我調節優化機制以提高識別的精度，並且通過反覆的自我調節機制來優化時間，所有預測的值是高度近似於實際的評估價值的。因此，符合條件（5-18）的穩定的預測模型是滿足要求的，且每一個輸出項均可以完成這個過程。

8. 確定失效模式及嚴重程度

根據前面預測的輸出項變量，可以選擇需要的失效模式。在這裡，可以確定一個關於嚴重程度的標準（例如≥1），這些符合標準的失效模式可以被選中。

三、失效模式的發生及概率

這個過程是評估失效模式的發生時，引起事故的因素及其來源，同樣在 FMEA 中發揮重要的作用。完成這項任務必須依靠一系列專業知識、實驗、歷史數據的統計分析，而模糊關係模型不適合當前階段的工作。這一階段包括以下內容：

（1）盡可能找到引發每個失效模型的所有原始因素。

（2）當這些原始因素是不獨立時，應該進行相關的實驗，查明主要的和可控的原始因素。

（3）基於現有的統計數據來評估這些原始因素的發生概率。

為了描述這些原始的可能性因素，可能性的值被定義在一個實數的邊界［0，10］內，精確度可至0.1，參考表5.2。

表 5.2　　　　　　　　　　失效模式的可能性

可能性	極高			高		中等		低		極低
頻率	≥2/3	1/2	1/3	1/8	1/20	1/80	1/400	1/2,000	1/15,000	1/150,000	≤1/150,000
價值	10	9	8	7	6	5	4	3	2	1	0

四、失效模式的可檢測性

這個過程是為了尋找減輕影響每個失效模式的原始因素，並分別進行確認和控制。完成這項任務更依賴一系列的專家知識、實驗和歷史數據的統計分析，而模糊關係模型不適合這個過程，會在當前階段增加工作的重複性。完成這一階段的要點如下所示。

找到在當前的設計方案下現有的控制措施，這裡通常有四種控制措施類型：

（1）可以防止失效模式或減少發生的概率的措施，這是最有用的類型。

（2）雖然不能預防失效模式，但可以降低其嚴重程度的措施。

（3）儘管不能預防，嚴重程度也不能減少，但可以預測到失效模式的措施。

（4）只能發現失效模式的措施。

為了描述失效模式的可檢測性，可檢測性的值被定義在一個實數的邊界［0，10］內，精確度可至 0.1，如表 5.3 所示。

表 5.3　　　　　　　　　　失效模式的可檢測性

意見	完全可測	非常高	高	中等偏上	中等	中等偏下	低	非常低	微小	極低	完全不可測
分值	10	9	8	7	6	5	4	3	2	1	0

五、計算風險系數（RPN）

風險系數是嚴重程度、可能性和可檢測性三者乘積，公式如下：

$$RPN = 嚴重程度 \times 可能性 \times 可檢測性$$

$$RPN = Severity \times Probability \times Detection$$

對所選定的失效模式計算風險系數，反應風險的程度及損失控制的程度。

六、預防和改正的建議

基於 RPN，就 RPN 值最高的作為最關鍵失效模式提出建議與預防和糾正措施，以此來提高在 GSC 中 DA 的質量管理。

七、分析結果

FMEA 是一種用來發現並解決潛在問題的有效方法。在各個全壽命週期循環中，針對每一個在 GSC 中 DA 的節點企業（或項目團隊）實施基本生產或工藝的過程進行質量風險的損失控制。所以對於每次的應用實施獲得一個分析結果，可以提供 FMEA 模糊關係模型動態更新的歷史數據。

第三節　求解方法及案例應用

一、求解方法

考慮到應用 FMEA 結合模糊關係模型的方法，旨在識別和解決 GSC 中 DA 的潛在問題，其出現在各個全壽命週期循環中，每一個在 GSC 中 DA 的節點企業（或項目團隊）實施基本生產或工藝的過程中。這是一個整合的方法和完成的過程，關鍵在於如何根據模糊預測模型關係規則去得到預測結果（失效模式及其嚴重程度）。在建模過程中所面臨的情況是，有諸多重複的數學推導，還需計算多個輸入和輸出值。這個過程是一個重複繁瑣的工作，而且當計算維度愈高的時候，預測結果的獲得將愈加困難。眾所周知，計算維度越高的過程對計算機的要求就越高，有些情況下，計算機幾乎不可能工作。那麼，提出一些先進的算法會更有效地得到計算結果。然而，這是一個遍歷搜索的過程，會造成不必要的時間成本和內存的佔有。因此，需要考慮更可用的算法，來解決在整個過程中產生的此類問題，與較重複地處理多個輸入和輸出相比，一些等價且簡化的設想可能是有用的。

在本章的方法中，為了改進模糊關係規則，獲得更準確的預測結果（即失效模式及其嚴重程度），需使用自我調節優化和動態更新機制，以更加自動、方便、高

效地建立模型和確認模糊關係，就此提出 IABGA 算法。這種算法針對建模過程中帶有多個輸入和輸出的情況，並利用單一的輸入和輸出系統進行簡化。因此，根據算法運行的預測結果，可以利用 FMEA 整合模糊關係模型的方法找出 GSC 中 DA 的潛在問題（失效模式及其嚴重程度），在每一個不同的生命週期的循環中，改善並提出建議，最后使分析結果起到質量風險損失控制的作用。

1. 方法流程演示

解決問題方法的步驟如下：

步驟 1：輸入和輸出數據的模糊化，為算法做準備。在這裡，可以得到模糊集，即 $F(I_{mi})$ 和 $F(O_{ni})$，也就是在前面定義中提出的每一個模糊集的數據。

步驟 2：分析輸出變量的本身和所有輸入變量在考慮時滯時的相關性，並基於模糊化的分析結果，獲取可用的輸入項變量及輸出項變量。

步驟 3：通過模糊結果使用 IABGA 去完善模糊關係規則，得到預測結果和有效性檢查，進行自我調節優化和動態更新機制。

步驟 4：評估引發失效模式的原始因素和發生的可能性。

步驟 5：尋找每個失效模式的緩解因素和確認檢測的可控性。

步驟 6：計算風險優先系數，這是失效模式的嚴重程度、可能性和可檢測性的乘積。

步驟 7：基於 RPN 值，提出預防和整改的建議。

步驟 8：分析結果。

其中，該方法的步驟 1~3 的目的是獲得失效模式及其嚴重程度。這些步驟應該在每個輸出與所有輸入變量數據中重複進行。

可以看到，整個方法都是基於提出的整合模糊關係模型的 FMEA。步驟 1 至步驟 2 可以通過使用一個電腦程序實現。步驟 4 至步驟 7 應該更多地依賴專家知識、實驗和歷史數據的統計分析來完成。因此，方法的重難點在於步驟 3 中提出的 IAB-GA，詳細介紹如后文。

2. IABGA 算法

這個算法中，應用 GA 的編解碼過程。首先隨機生成一個染色體，其次評估隨機染色體的適應值，再使用交叉及變異來傳承母代基因和反應子代的基因突變。上

述過程是一個循環，直到它滿足終止條件。所有輸入數據都重複這個過程，即可獲得完整的模糊關係規則。最后，自我調節優化和動態時更新機制被引入以獲得更加準確、有效的模糊關係規則。此外，模糊關係規則經實際的平均方差調整，檢查這些規則的評估值和預期值輸出項變量的有效性。步驟如下：

步驟1：設置遺傳算法的初始值和參數：種群規模大小 pop_size、交叉率 pc、變異率 pm 和最大代數 max_gen。

步驟2：生成初始種群。

步驟3：評估和選擇。

步驟4：遺傳算子：交叉和變異。

步驟5（停止條件）：是否達到一個預定義的遺傳搜索過程的最優解，達到即停止，否則，回到步驟3。在這裡，設定如果相鄰兩代的最優值固定在一個預定義範圍內，停止。此時，該算法是成功的。

步驟6：所有的輸入數據重複步驟1至步驟5去得到完整模糊關係規則。這可以用來獲取相應的輸入及輸出項變量的預測模糊集。

步驟7：使用自我調節優化和動態更新機制調整模糊關係規則。

詳細的 IABGA 演示流程如附錄篇程序 5.1。

二、案例分析

在中國，有許多水資源豐富的河流和覆蓋數百平方千米的河流排水區。水利和水電建設項目在國家發展中起著重要的基礎性作用。保證這些大型的施工項目的質量，實現風險損失控制顯得尤為重要。以下是用本章提出的結合模糊關係模型的 FMEA 討論大型水利、水電建設項目的一個案例。該類項目是在 GSC 中 DA 應用的經典，這些建設項目存在重複、多層、跨區域的特點。

一般來說，大型的水利、水電建設項目是穿越河流水系大片地區的系統性工程。這樣的大型項目僅靠幾個企業、工程組織或項目團隊是無法完成的。特別是考慮到供應鏈服務的艱鉅任務，一個多層、多方位、靈活變動的 GSC 必須存在。通常情況下，這些項目沿水系建設，眾多企業、工程組織或項目團隊聚集到該地區以實現供應鏈的功能，並在一定特定區域完成建設工作。然後，這些企業、工程組織或項目

團隊會分散到另一個集中區域重新聚集並開始建設。這是一個明顯的 GSC 的 DA 的形式。與此同時，此類建設項目由諸多重要且基礎的工藝和技術環節層層連接。任何對這些基礎環節的忽視都可能導致嚴重的后果，應該在這類緊密關係整個國家社會經濟的建設項目中得到避免。因此，預見性地提高質量管理保證，進行風險損失控制在這樣的項目中就顯得非常重要和必要。因此，本章提出的結合模糊關係模型的 FMEA 對處理此類工作就顯得有效且得當。

在這部分中，將利用所提出的方法對位於中國四川沱江的水利、水電建設項目案例進行研究。

1. 案例問題描述

沱江是位於中國四川省的長江的一條分支，排水面積占地 2.8 萬平方千米。該流域集中了諸多四川省工業的大中型工廠，這個人口稠密的地區有著豐富的農業資源，如棉花和甘蔗等。大型水利、水電建設項目的開發廣泛而快速，影響著人們的日常生活。因此，提高開發建設的管理水平，為人們的生活提供更多的方便非常重要。其中，如何保障該類建設項目中 GSC 裡 DA 的質量在該地區更應得到重視。在這裡，本章提出的模型能很好地發揮作用。此類案例問題解決的流程圖可參考前圖 5.2 所示。

考慮施工項目的基本工藝即焊接工藝是在所有水工建築物的建設中應用較多的、重要且基本的工藝環節。用本章提出的結合模糊關係模型的 FMEA 解決每一個在 GSC 中 DA 的生命週期中，在沱江水系建設的大型水利、水電的建設項目施工過程中的潛在問題。基於歷史數據和實驗，給出在焊接工藝中的輸入和輸出項變量。如下所示：

- 輸入項

技術：技術標準的熟練（I_1）、技術圖紙的設計（I_2）、類似工藝的產品效果（I_3）。

人力資源：技術人員資格（I_4）、管理者的能力（I_5）、整個人力資源的豐富性（I_6）。

材料：設備狀態（I_7）、材料和能源的狀態（I_8）。

基金：基金準備（I_9）。

- 輸出項

工藝過程：修復支架和住所（TP_1）、啓動機器（TP_2）、夾緊（TP_3）、焊接（TP_4）、釋放（TP_5）、移動對象（TP_6）。

上述工藝過程中可能出現的失效模式：不適合 TP_1（FM_1）；TP_1 的安裝誤差（FM_2）；機器 TP_2 沒有工作（FM_3）；在 TP_3 沒有夾緊（FM_4）；沒有焊接在 TP_4（FM_5）；在 TP_4 缺乏焊接力（FM_6）；在 TP_5 沒有釋放（FM_7）；在 TP_6 下降和損害的對象（FM_8）。

失效模式效應：FM_1 延遲（O_1）；FM_2 超出規範（O_2）；FM_3 延遲（O_3）；FM_4 延遲（O_4）；FM_4 延遲（O_5）；FM_5 延遲（O_6）；FM_6 不支持空氣保護（O_7）；FM_7 延遲（O_8）；最終在 FM_8 安裝失敗（O_9）。

使用確認輸入和輸出項，我們可以應用模糊關係模型 FMEA 的焊接過程。

2. 案例結果分析

使用 MATLAB 完成整個程序運作，收集了 30 組失效模式及其嚴重程度的歷史數據。

根據相關分析的結果，計算出模糊關係模型針對每一個輸出項的失效模式及其嚴重程度如下所示。這裡，使用 0.05 的顯著性水平，則：

$O_1:[I_2,I_3,I_4,I_5,I_7,I_8,I_9,O_1]$

$O_2:[I_2,I_4,I_5,I_6,O_2]$

$O_3:[I_2,I_3,I_4,I_5,I_6,I_7,I_8,I_9,O_3]$

$O_4:[I_2,I_3,I_4,I_5,I_6,I_7,I_8,O_4]$

$O_5:[I_3,I_5,I_7,I_8,I_9,O_5]$

$O_6:[I_2,I_3,I_4,I_5,I_7,I_8,O_6]$

$O_7:[I_2,I_4,I_6,O_7]$

$O_8:[I_3,I_5,I_6,I_7,I_8,O_8]$

$O_9:[I_2,I_3,I_4,I_5,I_6,I_7,I_8,I_9,O_9]$

為了測試提出的 IABGA 的有效性，將 30 組測試數據每 10 組做一次計算，得到平均運行時間、最大迭代數和遺傳算法的成功率，具體數據如表 5.4 所示。

表 5.4　　　　遺傳算法的平均運行時間（秒）、最大迭代次數和成功率

	O_1	O_2	O_3	O_4	O_5	O_6	O_7	O_8	O_9
花費時間	0.88	0.68	1.69	0.94	0.70	0.83	0.48	0.71	1.94
累計最大	42	30	66	47	39	40	27	41	86
成功機率	99.8%	99.9%	99.6%	99.8%	99.8%	99.7%	99.9%	99.7%	99.0%

這表明 GA 對於計算運行時間、最大迭代數和成功率，完全可以勝任。因此，提出的 IABGA 能夠有效工作。

檢查模糊關係模型得到的每一個輸出項的有效性，然後應用這 10 組數據，通過隨機選擇和自我優化機制來調整模型。平均方差如表 5.5 所示。在這裡，當調整之前獲得的平均方差已經滿足條件（≤0.1），自我調節優化機制不會運行。結果顯示了所得到的模糊關係模型的每個輸出項和自我調節優化機制在應用上的優勢。

表 5.5　　　　　　　案例中模糊關係模型的均方差

	O_1	O_2	O_3	O_4	O_5	O_6	O_7	O_8	O_9
調整前	0.585,7	0.151,7	0.049,7	0.075,0	0.087,7	0.102,3	0.556,3	0.070,0	0.084,0
調整后	0.560,3	0.102,3	NAN[a]	NAN[a]	NAN[a]	0.073,3	NAN[a]	NAN[a]	NAN[a]

a：自我調節優化機制的運行。

接著，使用 20 組新獲得的數據來測試預測效果，表 5.6 顯示了這 20 組數據的預測值和實際值的平均誤差，以及所有 9 個失效模式的嚴重性。在這裡，所有的失效模式的嚴重性都高於確認標準 1，所以，這些失效模式符合標準，也可以通過對嚴重性的挑選獲得。

表 5.6　　　　　　　預期值和實際值之間的平均偏差

	O_1	O_2	O_3	O_4	O_5	O_6	O_7	O_8	O_9
平均偏差	0.041,1	0.068,3	0.078,3	0.009,4	0.012,8	0.040,0	0.110,6	0.097,8	0.051,6

其中，180 個輸入項中有 17 個輸入項找不到相關的預測價值，20 組新獲得數據的有效數據率為 90.56%。那麼這些未被預測的數據被添加到模糊關係模型中。以上表格的顯示符合提出模型的預測結果。

最後，使用結合模糊關係模型的 FMEA 對在一定時期內的焊接工藝做了一個全面的分析，分析結果見表 5.7。

表 5.7　　　　　　　　　　本案例的 FMEA 結果

函數階段	1	2	3	4	5	6	7	8	9
函數階段	TP_1	TP_2	TP_3	TP_4	TP_5	TP_1			
失效模式	FM_1	FM_2	FM_3	FM_4	FM_5	FM_6	FM_7	FM_8	
失效模式效應	O_1	O_2	O_3	O_4	O_5	O_6	O_7	O_8	O_9
嚴重程度	3.5	8.5	3.5	2.5	3.5	2.2	9.5	2.5	7.5
原始因素	OF_1	OF_2	OF_3	OF_4	OF_5	OF_6	OF_7	OF_8	OF_9
可能性	3.6	4.8	2.1	1.9	2.2	1.1	5.3	1.8	1.6
現有控制措施	EM_1	EM_2	EM_3	EM_4	EM_5	EM_6	EM_7	EM_8	EM_9
可檢測性	5.6	4.3	6.9	7.1	2.1	2.1	3.8	6.6	3.6
PRN	70.6	175.4	50.7	33.7	16.2	5.1	196.4	29.7	43.2

結果分析如下：

原始的因素：新部件不符合大小標準（OF_1），實現錯誤（OF_2），傳感器斷開能源（OF_3），低空氣壓縮（OF_4），部分不合適（OF_5），缺乏電壓（OF_6），焊接程序監管不當（OF_7），低空氣壓縮釋放（OF_8），執行錯誤（OF_9）。

現有控制措施：收到時檢查（EM_1），100%的措施和 100%檢查（EM_2反應堆），每月一調整（EM_3），每月一調整（EM_4），傳感器問題（EM_5），100%檢查穩壓器（EM_6），100%檢查（EM_7），每月一調整（EM_8），100%的測量和檢查（EM_9）。

3. 敏感性分析顯著水平

再做一些敏感性分析：通過調整顯著性水平來測試模型的預測效果，在模糊關係模型配置不同的顯著性水平的情況下產生的結果不同，如下所示。

顯著水平為 0.1：

$O_1 : [I_2, I_3, I_4, I_5, I_6, I_7, I_8, I_9, O_1]$

$O_2 : [I_2, I_3, I_4, I_5, I_6, I_7, O_2]$

$O_3 : [I_2, I_3, I_4, I_5, I_6, I_7, I_8, I_9, O_3]$

$O_4 : [I_2, I_3, I_4, I_5, I_6, I_7, I_8, O_4]$

$O_5: [I_2, I_3, I_4, I_5, I_6, I_7, I_8, I_9, O_5]$

$O_6: [I_2, I_3, I_4, I_5, I_6, I_7, I_8, O_6]$

$O_7: [I_2, I_4, I_6, I_9, O_7]$

$O_8: [I_2, I_3, I_4, I_5, I_6, I_7, I_8, I_9, O_8]$

$O_9: [I_2, I_3, I_4, I_5, I_6, I_7, I_8, I_9, O_9]$，

顯著水平為 0.02：

$O_1: [I_3, I_5, I_7, I_8, O_1]$

$O_2: [I_2, I_4, I_5, I_6, O_2]$

$O_3: [I_2, I_3, I_4, I_5, I_6, I_7, I_8, O_3]$

$O_4: [I_2, I_3, I_4, I_5, I_7, I_8, O_4]$

$O_5: [I_3, I_5, I_7, I_8, I_9, O_5]$

$O_6: [I_3, I_5, I_7, I_8, O_6]$

$O_7: [I_2, I_4, O_7]$

$O_8: [I_5, I_6, I_8, O_8]$

$O_9: [I_2, I_3, I_4, I_5, I_6, I_7, I_8, I_9, O_9]$。

這種多樣性顯示了對預測結果的影響。實驗結果顯示在每個不同的顯著性水平，每個失效模式的預測值和實際值之間的平均誤差的嚴重程度和總平均誤差如表 5.8 所示。

表 5.8　　對於每個失效模型的預測值和準確值誤差的敏感性分析

	O_1	O_2	O_3	O_4	O_5	O_6	O_7	O_8	O_9	總和
0.02	0.058,3	0.082,8	0.078,3	0.065,0	0.012,8	0.037,8	3.187,8	0.131,7	0.006,1	0.406,7
0.05	0.041,1	0.068,3	0.078,3	0.009,4	0.012,8	0.040,0	0.110,6	0.097,8	0.006,1	0.051,6
0.10	0.390,6	0.117,8	0.078,3	0.009,4	0.012,2	0.083,9	0.202,2	0.097,2	0.006,1	0.110,9

表 5.8 顯示，每個失效模式預測值和實際值之間的平均誤差以及在不同顯著性水平下總平均誤差都是足夠低的。這說明雖然不同顯著性水平下預測值會有一些變化，但這些變化很大程度上並不影響整體預測。

此外，進一步考慮新得到的 20 組數據在 0.02、0.05、0.1 的顯著性水平下的有效數據率分別是 91.6%、91.6%、90.56%，可以看到，一個適當的顯著性水平（既

不高也不低）的模糊關係模型的配置，可以有一個更好的預測結果。

4. 結論

在本章中，基於對現實事實的考慮：GSC 中的 DA 迅速集結和分解，創建服務於市場波動需求的供應鏈聯盟，然后任務完成后，重組並服務於可預見的另一個市場。這種具有「敏捷性」和「連續性」等特點的 GSC，能夠提前發現並解決可能會出現在各種節點企業中的潛在問題。

第六章　某水電站廠房項目風險損失控制——混合型

　　[建設工程項目特別是大型的建設工程項目是一個重複的巨系統，在多個功能結構的共同運作下進行，必然會伴隨著大量的不確定性，風險會大量地湧現。多種風險互相影響、密不可分，使得項目面臨更大的風險威脅。]

——不同不確定性的合併導致混合型風險

第一節　項目問題概述

　　建設工程項目特別是大型的建設工程項目是一個重複的巨系統。它由很多的子項目以及子項目中的工序組合而成，在多個功能結構的共同運作下進行。項目的調度安排和項目的材料採購就是這些功能中最為重要的部分。調度安排就是為項目的具體建設實施做出指導性計劃。計劃主要是對各子項目以及各工序的開始、結束、連接和人員、材料、設備等進行調度安排，可以說是使整個項目得以順利開展的基礎性環節，是整個項目週期當中最為重要的部分之一。而項目所需的材料設備的採購則是為項目的建設提供物質支持的后勤保障，它們都在建設工程項目的正常運作中起著重要的作用。

　　然而，項目從開工伊始到竣工使用的整個過程，都始終處於一個重複而變化的環境之中，伴隨著大量的不確定性，風險大量地湧現。其中，整個建設工程項目能否按時按標準開工、實施和交付取決於它是否順利進行。這些環節中可能出現的風險是不容忽視的，它們時刻干擾著項目的進展，很有可能給項目帶來不利的影響乃至嚴重的損失。而這兩種風險的密不可分、互相影響更是使得項目面臨重複的多目

標二層風險威脅。

一、問題描述

本章討論了這樣一個實際問題：項目調度安排除了對於時間的計劃之外，必然也涉及對建設施工材料設備的安排，且對某個具體項目而言，資源不可能是無限量供應的，勢必要考慮資源約束帶來的影響。工序作為項目調度中必提的概念，有著基礎性的作用。從 Elmaghraby 的研究開始，人們將對工序的關注擴展到了執行模式的多樣性上。每個項目工序都必須要在一個模式下執行，每個執行模式都對應著一個執行時間和資源的消耗量，且一旦進行實際的實施，模式是不容許改變的，否則會帶來整個操作的混亂。模式的多樣性為整個項目的完成提供了多種可行的解決方案。同時，項目面臨有限的資源。這是一種典型的 MRCPSP 問題。由於這個問題對於建設工程項目的施工安排既要照顧到項目的完成時間，又要顧忌到因各類設備材料的購置使用所產生的成本，所以勢必會面臨相互矛盾的目標。

另一方面，材料採購是 MRCPSP 問題中重要的一部分，主要是針對可更新資源的定期採購。建設工程項目中重要材料的採購必須通過招投標的形式且只能選擇一個成功的中標者（也就是說每種材料只能有一個供應商）。同時，為了滿足整個建設工程項目進程的需要，通常情況下，材料的採購需要定期分批進行。在實際的操作之中，對於建設材料購置，通常都會根據類型有一定的規則：在項目的整個實施期內，採購經理會根據庫存量和建設需求決定各採購期需要購買材料的數量；並且一般都會計劃好每期採購時的最大、最小量；在不同材料的購買數量上會存在一定的關係，比如說在水泥這樣的關鍵材料和一些輔助材料如砂石料等之間就會有購買比例上的關係。由於各種材料的重要程度、價格和數量等不同，它們各自的採購成本也不盡相同，而且從最小化成本的角度出發，在尋求最優的總採購成本時，各種材料之間不可避免地存在著矛盾。因此，在進行採購風險損失控制決策時，需要面對多目標的情形。

綜上所述，控制建設工程項目的風險損失，需要考慮調度風險和採購風險。基於項目的實際操作情況，這樣的「風控」是對 MRCPSP 問題和材料採購問題的綜合考量。項目經理負責管理整個項目的調度安排，應對調度風險，而採購經理則需要考慮各採購期內的材料購置以滿足整個項目實施期的需要，控制採購風險。這樣的

混合控制就形成了二層決策的結構。項目經理作為上層的決策者，採購經理作為下層的決策者，他們相互影響，相繼決定，共同完成整個調度和採購的安排。上層決策追求的是短的建設工期和少的調度成本（包括各設備材料的成本），並在考慮多執行模式和資源約束（包括不可更新資源和可更新資源）的情況下，做出最優的調度安排。而採購經理則是在基於對材料價格、數量、庫存、交通、短缺和材料間的相互關係等的考慮，力求得到採購成本最小化的採購計劃。上層的決策將影響下層的決策，但不是完全控制，而下層則需要在上層決策的範圍內選擇自己最優的方案。這就呈現出合併了隨機和模糊兩種不確定性的二層混合風險決策結構。

二、概念模型

圖6.1詳細地描述了如何通過對MRCPSP問題和材料採購問題的二層決策來追求最優的調度安排和採購計劃以實現建設工程項目的風險損失控制。

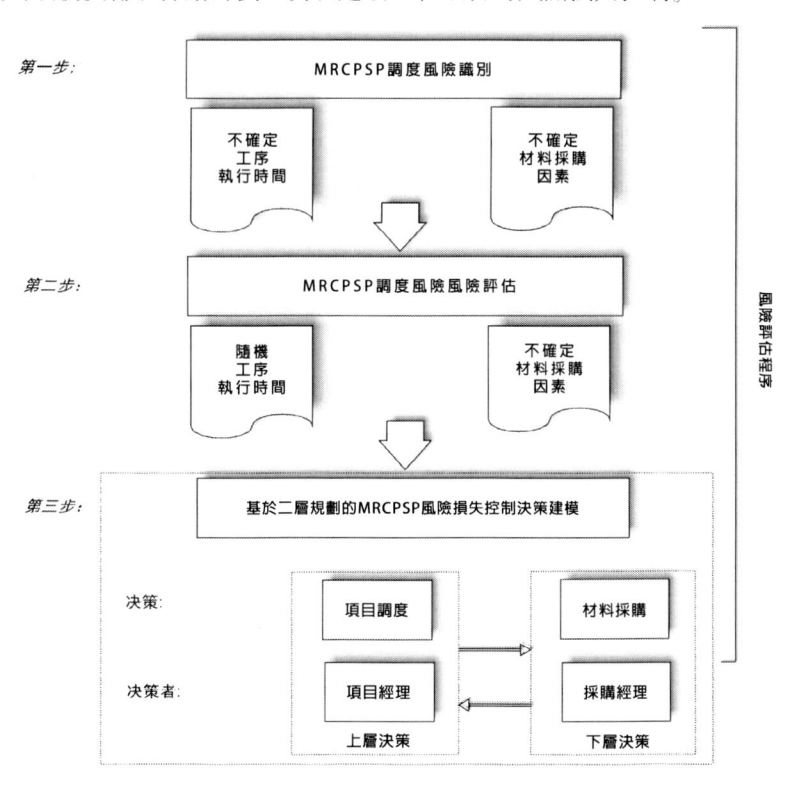

圖 6.1 二層混合風險損失控制決策結構

由於建設工程項目涉及兩種風險及其不確定因素，且風險損失控制需要綜合考慮 MRCPSP 問題和材料採購問題，所以我們所討論的問題呈現出重複地融合了隨機和模糊兩種不確定性的二層決策結構。為了能夠對這兩種建設工程項目風險提出損失控制的有效舉措，本章使用二層多目標複合不確定規劃，通過數學建模的技術方法來討論。為了能夠建立起該問題的數學模型，首先提出如下的基本假設。

假設條件如下：

（1）所討論的一個項目包含有多個工序（即為 i），每個工序有多個已知的執行模式（即為 j）。

（2）每個工序都必須要在一個執行模式下實施，且對應於一個執行時間（即為 ξ_{ij}），不可更新資源的消耗量（即為 r_{ijn}^{NON}）和可更新資源的消耗量（即為 r_{ijk}^{RE}）。

（3）每個工序的開始時間由其緊前工序的完成時間決定。

（4）在項目的整個實施期內，每個可供所有工序使用的不可更新資源的量是有限的（即為 q_n^{NON}）。

（5）在每個施工的單位時間內（以天來計算），每個可更新資源的供應量是有限的（即為 q_k^{RE}）。

（6）每個採購期內，可更新資源（材料）的採購是根據工序的需要來進行的。

（7）在整個的項目實施工期中，共有 T^M 個採購期，每個期間的時間為 $\bar{T}^D$（設定為 30 天）。

（8）對每種材料通過招投標過程只能有一個成功的供應商。

（9）設定材料的等待期為 0，也就是說經過每個階段的採購，在下一階段開始之前，所購置的材料已經到位。

（10）共有 K 種需要採購的材料，且相互之間在數量上可能存在線性關係。

（11）所有材料的實際購買量需在採購經理確定好的數量區間內。

（12）材料都按照就近的原則存貯，且不得超過庫存限制（即為 u_k^{MAX}）。

第六章　某水電站廠房項目風險損失控制——混合型

第二節　風險識別和評估

在本書第一章第三節中，分別通過示例對調度風險和採購風險使用事故樹分析法和工作風險分解法進行了識別和分析，並對隨機工序執行時間和模糊採購影響因素進行了風險評估，故在本章中對此不再累述。

第三節　風險損失控制模型建立

一、目標函數

模型符號定義如附錄符號 6.1 所示。

1. 上層規劃

用最后一個工序的完成時間 x_{I,j,t^D} 來表示項目的工期。x_{I,j,t^D} 是說最后一個工序 I 在模式 j 下執行，計劃在時間 t^D 內完成。因為對於工序 I，有且僅有一個模式和時間的組合，所以在所有的 x_{I,j,t^D} 中，有且僅有一個值為 1。因此項目的工期目標函數可以用下式（6-1）來表示：

$$D = \sum_{j=1}^{m_I} \sum_{t^D=1}^{T^D} t^D x_{I,j,t^D} \tag{6-1}$$

$r_{ijn}^{NON} x_{ijt^D} cn_n^{NON}$ 表示的是工序 I 在模式 j 下執行並計劃在時間 t^D 內完成時，所消耗不可更新資源 n 的成本。將所有可能的工序、模式和完成時間的組合所對應的成本加總（即為：$\sum_{i=1}^{I} \sum_{j=1}^{m_i} \sum_{t^D=1}^{T^D} r_{ijn}^{NON} x_{ijt^D} cn_n^{NON}$）就能得到這個不可更新資源 n 的總成本。$Q_k(l_k, \tilde{a}_k)$ 表示的是不可更新資源 k 的總成本，將由下層規劃計算而得。其中下層採購環節的風險，通過識別和評估，具體通過模糊的採購影響因素在這個目標中體現出來，可以經由模型進行損失預防控制。而整個項目的成本就是這 N 種不可更新資源和 K 種可更新資源成本的總和，可用如下式（6-2）來表示：

$$C = \sum_{n=1}^{N}\sum_{i=1}^{I}\sum_{j=1}^{m_i}\sum_{t^D=1}^{T^D} r_{ijn}^{NON} x_{ijt^D} cn_n^{NON} + \sum_{k=1}^{k} Q_k(l_k, \tilde{a}_k) \qquad (6-2)$$

2. 下層規劃

目標函數為整個項目工期的所有材料的採購成本。採購經理的目標是力圖實現各種材料成本的最小化，這些採購成本包括：購買成本、庫存成本和運輸成本。事實上，由於各種材料的重要性都不盡相同，關鍵材料的成本較高而輔助材料的成本相對較低，加之各種材料間存在的相互關係，就會出現不同材料採購成本的矛盾。因此，不能簡單地將各種材料採購成本加總到一起用一個目標函數來表示，而是應該將不同的 K 種材料各自的採購成本單獨建立目標函數，形成多個目標函數：

$$f_K(X_k, \tilde{a}_k) = f_k^{PC}(l_k(\cdot), \tilde{\delta}_k, \widetilde{ra}_k) + f_k^{HC}(u_k(\cdot), \widetilde{cc}_k(\cdot)) + f_k^{TC}(l_k(\cdot), \widetilde{ct}_k)$$
$$(6-3)$$

二、約束條件

1. 上層規劃

每個工序都必須在一個模式下執行且在一定的時刻完成才能保證解空間的完備性，如式子（6-4）所示：

$$\sum_{j=1}^{m_i}\sum_{t^D=1}^{T^D} x_{xjt^D} = 1, \quad \forall i \qquad (6-4)$$

要保證所有的工序都不違反優先序的要求，如式子（6-5）所示。其中工序 i 的執行時間通過風險的識別和評估，可以看到是不確定的，用隨機變量來表示。它是建設工程項目中調度風險的主要因素，反應了風險的所在，經由模型來進行損失的預防控制。

$$\max_{e \in Pre(i)} \left(\sum_{j=1}^{m_e}\sum_{t^D=1}^{T^D} t^D x_{ejt^D} \right) + \sum_{j=1}^{m_i}\sum_{t^D=1}^{T^D} \xi_{ij} x_{ijt^D} \leq \sum_{j=1}^{m_i}\sum_{t^D=1}^{T^D} t^D x_{ijt^D}, \quad \forall i \qquad (6-5)$$

$r_{ijn}^{NON} x_{ijt^D}$ 是指工序 i 在模式 j 下執行，且計劃在時間 t^D 內完成時，所消耗的不可更新資源 n 的量。為了將整個項目實施期內不可更新資源的消耗總量控制在可提供的範圍內，所有工序、模式和完成時間組合所對應的 $r_{ijn}^{NON} x_{ijt^D}$ 值加總后不得超過資源的限制 q_n^{NON}，如下式（6-6）所示：

$$\sum_{i=1}^{I}\sum_{j=1}^{m_i}\sum_{t^D=1}^{T^D} r_{ijn}^{NON} x_{ijt^D} \leqslant q_n^{NON}, \quad \forall n \tag{6-6}$$

為了保證在單位時間內，所有工序所消耗的可更新資源 k 不超過限制，需要對其在每個時間 t^D 的消耗分別計算（即為從 1 到 T^D 的每個時間）。在 $[t^D, t^D + \xi ij - 1]$ 內（即為從工序的開始時間 t^D 到經過了 ξij 的完成時間後結束的時間段內），所有工序、模式和完成時間的組合所對應的 $r_{ijk}^{RE} x_{ijs}$ 不得超過限制 q_k^{RE}，如下式（6-7）所示。其中工序 i 的執行時間如上所述是不確定的，用隨機變量來表示，是建設工程項目中調度風險的主要因素，它同樣也影響到施工中可更新資源的使用量，從而引起對這些資源（即為材料）採購的不確定性，引發風險。

$$\sum_{i=1}^{I}\sum_{j=1}^{m_i}\sum_{s=t^D}^{t^D+\xi ij-1} r_{ijk}^{RE} x_{ijs} \leqslant q_k^{RE}, \quad \forall k, t^D \tag{6-7}$$

所有的決策變量 x_{ijt^D} 根據實際意義，都是 0-1 變量，如式子（6-8）所示：

$$x_{ijt^D} = 0 \text{ or } 1, \quad \forall i, j, t^D \tag{6-8}$$

2. 下層規劃

狀態方程描述了庫存水平 $u_k(t^M)$ 和 $u_k(t^M+1)$，與購買量 $l_k(t^M)$ 以及需求量 $\zeta_k(t^M)$ 之間的關係。如果 $u_k(t^M) + l_k(t^M) - \zeta_k(t^M) \geqslant 0$，那麼材料 k 在購買期 $(t^M+1)^{th}$ 結束時，即為購買期 $(t^M+2)^{th}$ 開始時的庫存量 $u_k(t^M+1)$ 應該為 $u_k(t^M) + l_k(t^M) - \zeta_k(t^M)$。相反，則為 0。狀態方程可如式（6-9）所示：

$$u_k(t^M+1) = [u_k(t^M) + l_k(t^M) - \zeta_k(t^M)]^+, \quad \forall k, t^M = 0, 1, \cdots, T^M - 1 \tag{6-9}$$

需要注意的是：

$$[u_k(t^M) + l_k(t^M) - \zeta_k(t^M)]^+ = \max\{u_k(t^M) + l_k(t^M) - \zeta_k(t^M), 0\}$$

另外，每個購買期所需材料 k 的量（即為可更新資源的量）可以由上層決策得到，而項目工序執行時間的隨機性使得這個數量也呈現出隨機性。

$$\zeta_k(t^M) = \sum_{t^D=1}^{T^D}\sum_{t_i=1}^{I}\sum_{j=1}^{m_i}\sum_{s=t^D}^{t^D+\xi ij-1} r_{ijk}^{RE} x_{ijs} \tag{6-10}$$

材料 k 在第一個購買期開始時的庫存狀態如下：

$$u_k(0) = qb_k, \quad \forall k \tag{6-11}$$

相應的，材料 k 在最後一個購買期結束時的庫存狀態如下：

$$u_k(T^M) = qe_k, \quad \forall k \tag{6-12}$$

如果材料 k 的供應沒法達到需要，那麼就會產生短缺的處罰成本。用 sh_k 表示在

購買期 $(t^M + 1)^{th}$ 的處罰價格，由於 $[\zeta_k(t^M) - u_k(t^M) + l_k(t^M)]^+ = \max\{\zeta_k(t^M) - u_k(t^M) + l_k(t^M), 0\}$，短缺的處罰成本可以如下式（6-13）所示：

$$\sum_{t^M=0}^{T^M-1} sh_k [\zeta_k(t^M) - u_k(t^M) - l_k(t^M)]^+ \leq SC_k, \quad \forall k \qquad (6-13)$$

材料的購買量之間可能存在相互影響。關鍵材料與輔助材料購買量間的關係可以表示如下：

$$w_k^L + v_k^L l_1(t^M) \leq l_k(t^M) \leq w_k^U + v_k^U l_1(t^M), k = 2, 3, \cdots, K; t^M = 0, 1, \cdots, T^M - 1$$
$$(6-14)$$

材料 k 在每個購買期的購買量必須要在計劃的最大、最小值之間。如果購買期 $(t^M + 1)^{th}$ 的庫存水平 $u_k(t^M)$ 能夠滿足需求 $\zeta_k(t^M)$，那麼購買量 $l_k(t^M)$ 為 0，否則如下所示：

$$l_{k,t^M}^{MIN} \leq l_k(t^M) \leq l_{k,t^M}^{MAX} \text{ or } l_k(t^M) = 0, \ k = 1, 2, \cdots, K; \ t^M = 0, 1, \cdots, T^M - 1$$
$$(6-15)$$

3. 庫存限制約束

材料 k 的庫存量不能超過限制，即：

$$u_k(t^M) \leq u_k^{MAX}, k = 1, 2, \cdots, K; t^M = 0, 1, \cdots, T^M - 1 \qquad (6-16)$$

三、最終模型

由於建設工程項目的調度過程和採購環節密不可分，其中可能遭遇的風險也不能簡單地獨立看待，所以，單獨考慮各個決策是不理智的。只有根據調度安排中的可更新資源用量，才能制訂出最優採購計劃以實現成本最小化。反之，採購的成本又會影響調度的成本目標。通過風險的識別和評估，將各風險因素建立到模型的目標和約束條件中，從而經過模型的求解來實現損失預防控制的目標。

因此，最終的二層混合風險決策模型如下：

$$\min D(x_{ljt^D}) = \min \sum_{j=1}^{m_l} \sum_{t^D=1}^{T^D} t^D x_{ljt^D}$$

$$\min C(x_{ijt^D}, X_k, \tilde{a}_k) = \min \sum_{n=1}^{N} \sum_{i=1}^{I} \sum_{j=1}^{m_i} \sum_{t^D=1}^{T^D} r_{ijn}^{NON} x_{ijt^D} cn_n^{NON} + \sum_{k=1}^{K} Q_k(X_k, \tilde{a}_k)$$

$$s.t.\begin{cases}\sum_{j=1}^{m_i}\sum_{t^D=1}^{TD}x_{ijt^D}=1,\forall i\\ \max_{e\in Pre(i)}(\sum_{j=1}^{m_e}\sum_{t^d=1}^{TD}t^D x_{ejt^D})+\sum_{j=1}^{m_i}\sum_{t^D=1}^{TD}\xi_{ij}x_{ijt^D}\leqslant\sum_{j=1}^{m_i}\sum_{t^D=1}^{TD}t^D x_{ijt^D},\forall i\\ \sum_{i=1}^{I}\sum_{j=1}^{m_i}\sum_{t^D=1}^{TD}r_{ijn}^{NON}x_{ijt^D}\leqslant q_n^{NON},\forall n\\ \sum_{i=1}^{I}\sum_{j=1}^{m_i}\sum_{s=t^D}^{t^D+\xi ij-1}r_{ijk}^{RE}x_{ijs}\leqslant q_k^{RE},\forall k,t^D\\ x_{ijt^D}=0\text{ or }1,\forall i,j,t^D\\ \{Q_1(X_1,\tilde{a}_1),Q_2(X_2,\tilde{a}_2),\cdots,Q_K(X_K,\tilde{a}_K)\}\\ :=\min\{f_1(X_1,\tilde{a}),f_2(X_2,\tilde{a}),\cdots,f_k(X_K,\tilde{a}_K)\}\\ s.t.\begin{cases}u_k(t^M+1)=[u_k(t^M)+l_k(t^M)-\zeta_k(t^M)]^+,\forall k,t^M=0,1,\cdots,T^M-1\\ u_k(0)=qb_k,\forall k\\ u_k(T^M)=qe_k,\forall k\\ \sum_{t^M=0}^{T^M-1}sh_k[\zeta_k(t^M)-u_k(t^M)-l_k(t^M)]^+\leqslant SC_k,\forall k\\ w_k^L+v_k^L l_1(t^M)\leqslant l_k(t^M)\leqslant w_k^U+v_k^U l_1(t^M),k=2,3,\cdots,K;t^M=0,1,\cdots,T^M-1\\ l_{k,t^M}^{MIN}\leqslant l_k(t^M)\leqslant l_{k,t^M}^{MAX}\text{ or }l_k(t^M)=0,k=1,2,\cdots,K;t^M=0,1,\cdots,T^M-1\\ u_k(t^M)\leqslant u_k^{MAX},k=1,2,\cdots,K;t^M=0,1,\cdots,T^M-1\\ l_k(t^M)\in R^+,k=1,2,\cdots,K;t^M=0,1,\cdots,T^M-1\end{cases}\end{cases}$$

(6-17)

四、模型分析

建設工程項目調度—採購風險的損失控制，是通過建立決策的數學模型來進行風險管理決策，從而選擇有效的方案指導具體的實施。現選擇風險管理決策中的損失期望值分析法來處理風險。

1. 隨機變量的期望值算子

隨機變量的期望是一個非常重要的概念，它是由隨機變量所有可能的取值在其概率下加權平均而來。所以期望值算子在風險損失控制上非常常用，可以提供隨機

項目工序執行時間段的平均水平,其基本概念如附錄定義 6.1。

對包含有隨機變量 ξ 的目標函數 $f(\xi)$ 和約束條件 $g(\xi)$,其期望值為 $E[f(\xi)]$ 和 $E[g(\xi)]$。E 表示期望值算子,用來處理模型。由於文中的隨機變量是連續的並服從正態分佈,故可以根據期望值的定義和引理得到期望值。

2. 模糊變量的期望值算子

$$\min D(x_{ijt^D}) = \min \sum_{j=1}^{m_I} \sum_{t^D=1}^{T^D} t^D x_{ijt^D}$$

$$\min C(x_{ijt^D}, X_k, E^{Me}[\tilde{a}_k]) = \min \sum_{n=1}^{N} \sum_{i=1}^{I} \sum_{j=1}^{m_i} \sum_{t^D=1}^{T^D} r_{ijn}^{NON} x_{ijt^D} cn_n^{NON} + \sum_{k=1}^{K} Q_k(X_k, M^{Me}[\tilde{a}_k])$$

$$s.t. \begin{cases} \sum_{j=1}^{m_i}\sum_{t^D=1}^{T^D} x_{ijt^D}=1, \forall i \\[4pt] \max_{e\in Pre(i)}(\sum_{j=1}^{m_e}\sum_{t^D=1}^{T^D} t^D x_{ejt^D}) + \sum_{j=1}^{m_i}\sum_{t^D=1}^{T^D} E[\xi_{ij}]x_{ijt^D} \le \sum_{j=1}^{m_i}\sum_{t^D=1}^{T^D} t^D x_{ijt^D}, \forall i \\[4pt] \sum_{i=1}^{I}\sum_{j=1}^{m_i}\sum_{t^D=1}^{T^D} r_{ijn}^{NON} x_{ijt^D} \le q_n^{NON}, \forall n \\[4pt] \sum_{i=1}^{I}\sum_{j=1}^{m_i}\sum_{s=t^D}^{t^D+E[\xi]ij-1} r_{ijk}^{RE} x_{ijs} \le q_k^{RE}, \forall k, t^D \\[4pt] x_{ijt^D}=0 \text{ or } 1, \forall i,j,t^D \\[4pt] \{Q_1(X_1,E^{Me}[\tilde{a}_1]),Q_2(X_2,E^{Me}[\tilde{a}_2]),\cdots,Q_K(X_K,E^{Me}[\tilde{a}_K])\} \\ := \min\{f_1(X_1,E^{Me}[\tilde{a}_1]),f_2(X_2,E^{Me}[\tilde{a}_2]),\cdots,f_K(X_K,E^{Me}[\tilde{a}_K])\} \\[4pt] s.t. \begin{cases} u_k(t^M+1)=[u_k(t^M)+l_k(t^M)-\zeta_k(t^M)]^+, \forall k, t^M=0,1,\cdots,T^M-1 \\ u_k(0)=qb_k, \forall k \\ u_k(T^M)=qe_k, \forall k \\ \sum_{t^M=0}^{T^M-1} sh_k[E[\zeta_k(t^M)]-u_k(t^M)-l_k(t^M)]^+ \le SC_k, \forall k \\ w_k^L+v_k^L l_1(t^M) \le l_k(t^M) \le w_k^U+v_k^U l_1(t^M), k=2,3,\cdots,K; t^M=0,1,\cdots,T^M-1 \\ l_{k,t^M}^{MIN} \le l_k(t^M) \le l_{k,t^M}^{MAX} \text{ or } l_k(t^M)=0, k=1,2,\cdots,K; t^M=0,1,\cdots,T^M-1 \\ u_k(t^M) \le u_k^{MAX}, k=1,2,\cdots,K; t^M=0,1,\cdots,T^M-1 \end{cases} \end{cases}$$

(6-18)

對於模糊變量的期望值,表示模糊變量的平均值,目前已有很多從不同角度出

發的定義，這些定義都同樣從不同的角度反應了模糊變量的平均意義。本書基於悲觀—樂觀調節選用期望值算子來處理模型中的模糊變量，其基本概念見附錄定義6.2。對包含有隨機變量 ϑ 的目標函數 $f(\vartheta)$ 和約束條件 $g(\vartheta)$，其期望值為 $E^{Me}[f(\vartheta)]$ 和 $E^{Me}[g(\vartheta)]$，E 表示期望值算子。即根據上面的定義，用其來處理模型，選擇三角模糊數 $\tilde{a}_k = (r_{1_k}, r_{2_k}, r_{3_k})$，那麼它的期望值定義為：

$$E^{Me}[\tilde{a}_k] = \frac{1-\lambda}{2}r_1 + \frac{1}{2}r_2 + \frac{\lambda}{2}r_3, k = 1, 2, \cdots, K$$

基於隨機和模糊期望值算子的線型性，模型（6-17）可以轉化為用期望值表達的清晰等價模型，如模型（6-18）。

五、求解算法

Jeroslow 在 1985 年就曾證明過二層線性規劃問題是一個 Non-deterministic Polynomial Time Hard（NP 難）問題，由此說明驗證該問題的計算重複性。基於二層規劃的諸多特性，考慮到本章所討論的問題規模較大，模型重複，所以一般的算法往往不能可行、有效地求解。為此，採用 PSO 算法並且引入多粒子群差別更新方法，即為多粒子群差別更新 PSO（Multi-Swarm Differential-Updating Particle Swarm Optimization，MSDUPSO），力圖更加方便和有效地求解問題，算法過程如下（為了算法描述的方便，介紹算法記號如附錄符號 6.2 所示）：

第一步：初始化參數 $swarm\_size, swarm\_group, iteration\_max$，粒子慣性和位置的範圍，工序序值個人和全局最優值的加速常量及工序序值的慣性權重。用粒子表示問題的解並初始化工序序值和模式的位置，以及工序序值的慣性。

第二步：解碼粒子可行性檢查。

第三步：用上層規劃的可行解求解下層規劃，得到最優目標值，並計算每個粒子所對應的上層目標值。

第四步：用多目標方法計算 pbest 和 gbest，並貯存 Pareto 最優解以及所對應的下層規劃解，上下層規劃各自的目標值。

第五步：更新各粒子的慣性和位置。

第六步：檢查多目標 PSO 的終止條件，如果條件達到，則停止，否則返回第二步繼續。

具體的程序步驟如附錄程序 6.1 所示例。

六、案例分析

案例：溪洛渡水電站，是金沙江流域的大型建設工程項目，它位於四川省雷波縣和雲南省永善縣接壤的溪洛渡峽谷段，是一座以發電為主，兼有攔沙、防洪和改善下游航運等綜合效益的大型水電站。溪洛渡水電站由諸多功能不同的水利結構設施構建而成，包括大壩、閘門、發電機組和廠房等。其中，它在金沙江左右兩岸均建有一個廠房。本書就以溪洛渡水電站的左岸廠房建設工程項目為例，通過應用所提出的方法來控制其調度—採購風險的損失。其中，應用實例數據的來源主要是參考各類工程數據、博士論文、文獻等，結合項目實際整理而來。這個項目實例一共有 18 個工序和兩個用以描述項目開始和結束的虛工序。這些工序分別是：#1 土方開挖；#2 石方開挖；#3 澆築基礎混凝土；#4 澆築上部混凝土；#5 澆築下部混凝土；#6 安裝機組、設備支架；#7 土方回填；#8 帷幕灌漿；#9 敷設管道；#10 安裝屋架；#11 安裝屋面板；#12 安裝牆板；#13 屋面施工；#14 電氣安裝；#15 安裝機組；#16 安裝設備；#17 地面施工；#18 裝修工程。對於每個工序都有相應的多個執行模式，且可供使用的 12 種不可更新資源和 7 種可更新資源的數量是有限的（其成本的單位為：元）。不可更新資源有：Ⅰ人工，單位 13.11/mh（人·小時）；Ⅱ車輛，單位 106.53/mh（輛·小時）；Ⅲ挖掘機，單位 210.03/mh（臺·小時）；Ⅳ推土機，單位 105.62/mh（臺·小時）；Ⅴ鑿岩機，單位 186.73/mh（臺·小時）；Ⅵ起重機，單位 69.04/mh（臺·小時）；Ⅶ攪拌設備，單位 268.39/mh（臺·小時）；Ⅷ電焊機，單位 19.42/mh（臺·小時）；Ⅸ電，單位 1.39/kWh；Ⅹ水，單位 3.67/m^3；Ⅺ柴油，單位 7.42×103/m^3；Ⅻ其他機械設備，單位 106.6/mh（臺·小時）。可更新資源有：Ⅰ水泥，單位 361.82/t；Ⅱ鋼材，單位 4,710/t；Ⅲ油漆，單位 27.8/L；Ⅳ橡膠板，單位 15/kg；Ⅴ木材，單位 530/m^3；Ⅵ砂石料，80/t；Ⅶ其他材料，單位 23.6/m^3。圖 6.2 示例了案例項目的結構。

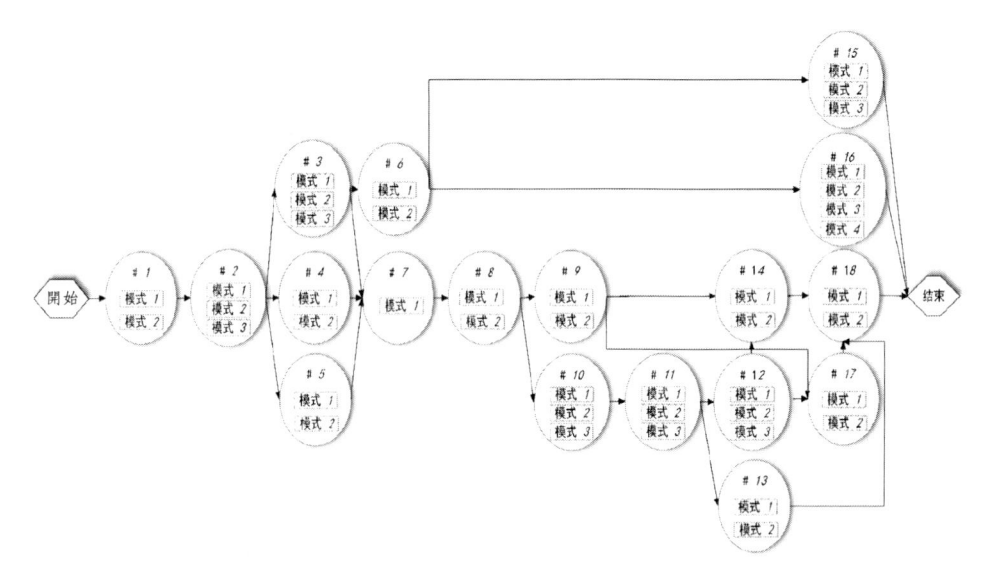

圖 6.2　案例項目的結構

在整個項目週期內，建設材料，即為可更新資源根據項目進度的需要分期進行採購，且每種材料只有一個經過招投標過程選出的供應商。附錄表 6.1a、附錄表 6.1b 和附錄表 6.2 反應了各資源的消耗量和材料採購中的相關數據。其中，關鍵材料（即為水泥）和輔助材料（即為鋼材和砂石料），購買量之間的關係可以用下面的式子來表示。

3.12+ 1.10×水泥的購買量 ≤ 鋼材的購買量 ≤ 3.56+ 1.50×水泥的購買量

9.36×水泥的購買量 ≤ 砂石料的購買量 ≤ 10.56×水泥的購買量

其他材料為：$-\infty$ +水泥的購買量 ≤ 其他材料的購買量 ≤ $+\infty$ +水泥的購買量

按照本章所提的方法，應用模型（6-17），考慮風險不確定因素的情況，對項目案例進行控制決策建模，並使用期望值算子得到風險的期望，進而得到風險的損失期望值，選用參數 $\lambda = 0.5$。利用提出的 MSDUPSO 可以求解這個項目案例，用 MATLAB 7.0 在 Inter 處理器 2，2.00 赫茲和 2G 內存的計算機性能下對 MSDUPSO 進行編程運算。算法參數選用：

$swarm\_sizeS = 10$; $swarm\_groupG = 3$; $iteration\_\max T = 100$

$\omega(1) = 0.9$; $\omega(100) = 0.1$; $c_p = 2$; $c_l = 1$

可以得到以風險損失期望值最小化為準則的決策方案,如附表 6.1、表 6.2a 和表 6.2b 所示。

採用的多粒子群優化方法,可以擴大解的搜索空間,增加其多樣性,為問題提供更多的 Pareto 最優解。同時,所使用的差別更新方法能夠避免粒子更新過多地處於其邊界值,導致陷入過早收斂的情況,同樣能夠增加解的有效性。圖 6.3 為項目實例 Pareto 最優解的迭代過程。

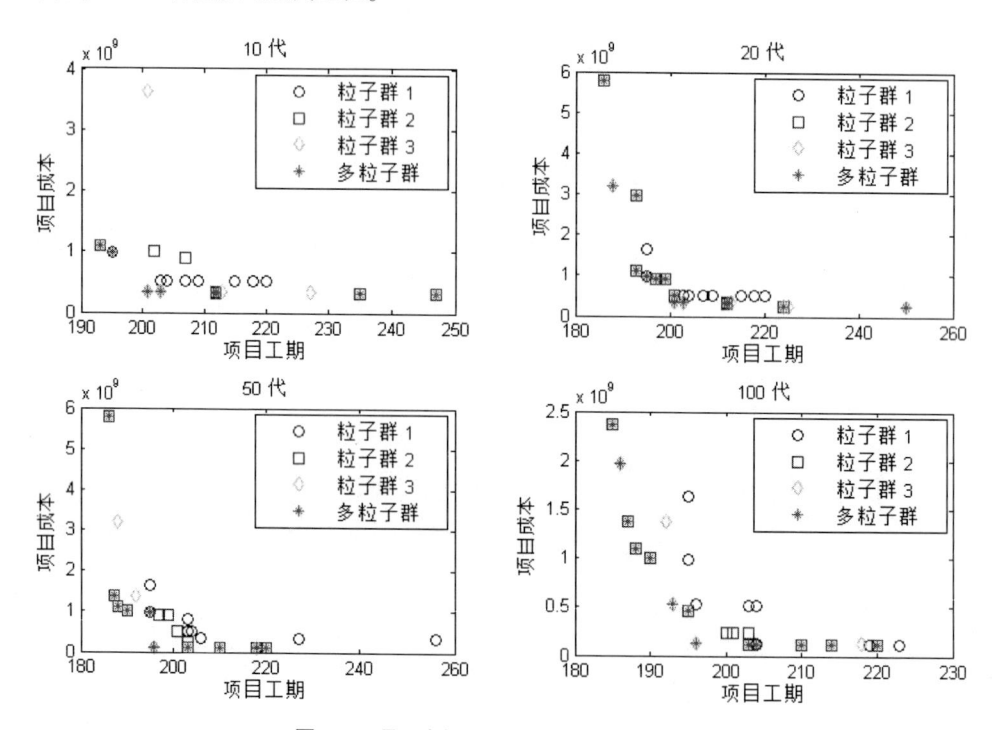

圖 6.3 項目案例 Pareto 最優解的迭代過程

圖 6.3 反應了多粒子群的迭代過程,可以看到在迭代 10 代後,Pareto 最優解的分佈並沒有什麼規律,但是在經過了 20 代和 50 代之後,解分佈的規律就愈趨明顯。再到 100 代時,Pareto 最優解的分佈就已經很清晰了。

第六章　某水電站廠房項目風險損失控制——混合型

表 6.1　上層規劃的 Pareto 最優解

解																			
1*	調度安排	#1	#2	#5	#3	#6	#15	#16	#4	#7	#8	#10	#11	#9	#12	#14	#17	#13	#18
	模式	2	3	1	3	2	3	3	1	1	1	1	1	2	2	2	2	1	1
2*	調度安排	#1	#2	#5	#3	#6	#15	#4	#16	#7	#8	#9	#10	#11	#12	#14	#13	#17	#18
	模式	2	3	1	3	2	3	1	3	1	1	2	1	3	2	2	2	1	1
3*	調度安排	#1	#2	#5	#3	#6	#15	#4	#16	#7	#8	#10	#9	#11	#12	#14	#13	#17	#18
	模式	2	3	1	3	2	3	1	3	1	1	2	3	3	2	2	2	1	1
4*	調度安排	#1	#2	#4	#5	#3	#6	#16	#7	#15	#8	#9	#10	#13	#14	#15	#16	#17	#18
	模式	2	3	2	1	2	3	1	1	1	2	2	2	1	2	1	1	2	1
5*	調度安排	#1	#2	#5	#3	#4	#6	#15	#16	#8	#7	#10	#12	#13	#9	#14	#17	#13	#18
	模式	2	3	2	1	2	2	1	2	1	1	1	2	1	2	1	1	2	2
6*	調度安排	#1	#2	#5	#3	#6	#7	#4	#15	#16	#8	#10	#11	#9	#12	#14	#17	#13	#18
	模式	2	3	1	3	2	2	2	1	1	1	1	1	2	2	1	1	2	2
7*	調度安排	#1	#2	#5	#3	#4	#6	#15	#7	#8	#9	#11	#16	#12	#13	#17	#14	#13	#18
	模式	2	3	2	1	1	2	1	1	1	2	3	2	1	2	1	2	1	2
8*	調度安排	#1	#2	#5	#3	#7	#4	#15	#6	#16	#10	#8	#11	#13	#12	#14	#17	#13	#18
	模式	2	3	1	3	1	1	1	2	2	1	3	1	3	2	1	1	2	2
9*	調度安排	#1	#2	#5	#3	#7	#6	#15	#16	#8	#4	#11	#12	#13	#15	#14	#17	#14	#18
	模式	2	3	2	2	2	1	2	3	3	1	2	2	1	1	2	2	1	2
10*	調度安排	#1	#2	#5	#3	#7	#6	#16	#8	#4	#9	#15	#11	#13	#12	#14	#17	#13	#18
	模式	2	3	2	2	1	1	1	1	1	3	3	3	1	3	2	1	1	1
11*	調度安排	#1	#2	#3	#4	#5	#6	#7	#15	#16	#8	#10	#11	#12	#13	#14	#17	#13	#18
	模式	2	3	2	3	2	1	2	1	1	1	1	3	1	1	1	1	1	1
12*	調度安排	#1	#2	#5	#4	#3	#7	#15	#6	#16	#8	#10	#11	#12	#13	#14	#17	#13	#18
	模式	2	3	2	2	1	1	1	1	2	1	3	3	1	1	2	2	2	1
13*	調度安排	#1	#2	#4	#5	#3	#6	#16	#7	#8	#15	#11	#12	#15	#13	#14	#17	#18	—
	模式	2	3	2	2	2	1	1	2	1	2	3	1	1	1	1	1	1	

107

表 6.2a　下層規劃的材料採購計劃

解	材料	I	II	III	IV	V	VI	VII
1*	採購期數 9 採購計劃	採購期 4 購進 70	採購期 3 購進 105	採購期 6 購進 1,200 採購期 7 購進 1,200	採購期 5 購進 1,500	採購期 6 購進 6,000	採購期 3 購進 600	—
2*	採購期數 10 採購計劃	採購期 4 購進 70	採購期 3 購進 99 採購期 5 購進 99	採購期 6 購進 1,200 採購期 7 購進 1,200	採購期 5 購進 1,500	採購期 6 購進 6,000	採購期 3 購進 700 採購期 5 購進 600	採購期 4 購進 130
3*	採購期數 9 採購計劃	採購期 3 購進 70	採購期 4 購進 99	採購期 6 購進 1,200 採購期 7 購進 1,200	採購期 6 購進 1,700	採購期 6 購進 6,000	採購期 3 購進 700 採購期 5 購進 600	採購期 4 購進 130
4*	採購期數 10 採購計劃	採購期 4 購進 70	採購期 4 購進 99	採購期 6 購進 1,200 採購期 7 購進 1,200	採購期 6 購進 2,600	採購期 6 購進 6,000	採購期 4 購進 600 採購期 5 購進 600	採購期 5 購進 130
5*	採購期數 10 採購計劃	採購期 3 購進 70	採購期 4 購進 99	採購期 6 購進 2,200 採購期 7 購進 1,200	採購期 5 購進 1,500	採購期 6 購進 6,000	採購期 3 購進 700 採購期 5 購進 6	
6*	採購期數 10 採購計劃	採購期 4 購進 70	採購期 3 購進 99	採購期 6 購進 2,200 採購期 7 購進 1,200	採購期 5 購進 2,600	採購期 6 購進 6,000	採購期 3 購進 600 採購期 5 購進 600	
7*	採購期數 10 採購計劃	採購期 3 購進 70	採購期 4 購進 99	採購期 6 購進 1,200 採購期 7 購進 1,200	採購期 5 購進 2,700	採購期 6 購進 2,800 採購期 7 購進 6,000	採購期 3 購進 700 採購期 5 購進 600	

表 6.2b　下層規劃的材料採購計劃

解	材料	I	II	III	IV	V	VI	VII
8*	採購期數 8 採購計劃	採購期 3 購進 70	採購期 3 購進 99	採購期 6 購進 1,200 採購期 7 購進 1,200	採購期 6 購進 1,600 採購期 7 購進 5,000	採購期 6 購進 6,000	採購期 3 購進 700	—
9*	採購期數 8 採購計劃	採購期 4 購進	採購期 4 購進 99	採購期 6 購進 1,200 採購期 7 購進 1,200	採購期 6 購進 1,500	—	採購期 4 購進 600 採購期 5 購進 700	採購期 5 購進 130
10*	採購期數 8 採購計劃	採購期 4 購進 70	採購期 4 購進 99	採購期 7 購進 1,200	採購期 6 購進 4,500 採購期 7 購進 5,000	—	採購期 4 購進 600 採購期 5 購進 700	—
11*	採購期數 8 採購計劃	採購期 4 購進 70	採購期 4 購進 99	採購期 7 購進 1,200	採購期 6 購進 1,500	採購期 7 購進 6,000	採購期 4 購進 600 採購期 5 購進 700	—
12*	採購期數 8 採購計劃	採購期 4 購進 70	採購期 4 購進 99	採購期 7 購進 1,200	採購期 6 購進 1,500	採購期 7 購進 6,000	採購期 3 購進 700	採購期 5 購進 130
13*	採購期數 8 採購計劃	採購期 4 購進 70	採購期 4 購進 99	採購期 7 購進 1,200	採購期 7 購進 5,000	採購期 7 購進 600	採購期 4 購進 600 採購期 5 購進 700	—

將所提出的 MSDUPSO 與解決 MRCPSP 問題時常用的基礎 PSO 進行對比。由於多目標問題的解要比一般的單目標問題重複，所以根據文獻，選用了三個評價多目標問題 Pareto 最優解的指標：平均距離、分佈和範圍。表 6.3 給出了在程序運行 10 次後，MSDUPSO 和基礎 PSO 在解的各項統計值和 Pareto 最優解評價指標上的區別。對比結果反應了 MSDUPSO 的優越性。

表 6.3　　　　　　　　　MSDUPSO 和基礎 PSO 的對比

算法	算法項目工期（天）			項目成本（×10^{9}元）				平均距離	分佈	範圍
	均值	最小值	最大值	均值	最小值	最大值	解的個數			
基礎 PSO	207	186	227	0.819,8	0.145,6	3.495,6	8	0.653,4	0.137,5	2.237,3
MSDUPSO	197	185	220	0.736,0	0.122,3	2.365,2	13	0.121,2	0.137,9	2.528,2

對於案例項目，在實施前也就是說在風險事件可能出現前，可以事先採取相應的辦法來減緩風險，降低損失。這是屬於風險損失控制中的損前預防手段。根據項目實例的決策結果，可以給出如下的實施和管理建議：

（1）項目經理根據需要和偏好選擇 Pareto 最優解集中的調度安排方案。如果他覺得項目成本更為重要，就選擇成本最小的方案，反之則選擇工期最短的方案。

（2）採購經理基於項目經理的決定，選擇相應材料（可更新資源）採購方案。

（3）將決定的調度安排和材料安排規範化形成項目的實施計劃，組織專門的計劃人員來負責計劃的執行。

（4）由計劃人員、項目經理、採購經理共同協商制定有關的管理制度，使計劃的執行制度化。

（5）根據執行時間、執行部門和執行人員將計劃進行細分，做到工作細分並落實到人頭。

（6）組織相關人員進行計劃、實施教育，明確工作任務和損失預防的重要性。

（7）定期檢查計劃實施、監督實施的過程，及時發現問題，及時控制和補救。

第七章　某交通網路加固項目的
　　　　風險損失控制──複合型

[對於來自自然的不可抗力，譬如地震，人們很難對其準確把握，同時也不得不面對它們隨時可能發生的威脅。這樣的地質災害對建築結構，特別是交通網路設施，造成的破壞以及隨之而來的影響不僅僅限於人員傷亡和財產損失，加之其風險環境的多重複雜性，往往會造成出乎預料的傷害和損失。]

　　　　　　　　　　　　　　　　──不同不確定性引發複合型風險

第一節　項目問題概述

　　建設工程項目尤其是大型項目往往會給周邊帶來不小的衝擊，從它的設計規劃、建設施工到竣工使用都會不同程度地影響到鄰近人們的生活。所以建設工程項目通常都選址在偏僻、遠離人群聚居的地方，以盡量減少其帶給該區域群眾的影響。正是由於其所處地域的特殊性，加之施工對當地生態環境的破壞，使得建設工程項目不可避免地會面對一些氣候、地質環境上的困擾，小至強風、暴雨和雷暴等不良氣候，大到山洪、泥石流乃至地震等災害。對於這些來自自然的不可抗力，人們很難對其準確把握，同時也不得不面對它們隨時可能發生的威脅。這樣有可能造成損失后果，而且還難以準確預測其發生的風險，這種不確定性無時無刻不在影響著建設工程項目的實施進展。其中，地震是有可能給項目帶來嚴重損害的地質災害，它對建築結構，特別是交通網路設施，造成的破壞以及隨之而來的影響不僅僅限於人員

傷亡和財產損失，還可能會直接導致項目的停工、擱置和徹底廢棄，由此引發的社會經濟損失是難以估量的。為了能夠盡量減少地震風險的影響，有必要提前採取措施來預防和控制，比較常用的措施就是對建築結構進行加固。此外，由於建設施工勢必會改變地表地貌，極可能會影響當地的生態和資源環境，乃至可能對環境造成破壞，因此帶來了環境風險。加固建築結構同樣是一種施工方案，也自然會面臨環境風險。在這樣的情況下，對於建設工程項目而言，就會同時面對地震和環境的風險，且它們互相影響，密不可分，形成重複的二層風險威脅。因此，需要討論在二層決策環境下，追求多個風險目標的問題。風險對於項目而言產生的最為直接且人們關注的最多的影響即是損失，從損失的角度來控制風險顯得非常必要。通過前面幾章內容的討論，依據風險損失控制的理論，選用損失預防的手段，基於對建設工程項目地震和環境風險的識別和評估，現建立起地震—環境風險的損失控制決策模型，尋找二層多目標決策環境下的最優方案，並提出相應的管理實施建議。決策的主要準則是風險損失偏好值的最小化。

一、風險的簡述

從 2008 年汶川地震、2010 年海地地震到 2011 年的日本大地震，地震已造成了極大的破壞和經濟損失，隨之而來的還有巨大的社會影響。作為一種毀滅性的災害，它已給人們帶來了太多的傷害，在很大程度上影響了人類社會的正常政治經濟生活。對於建設工程項目而言，尤其是大型項目，由於其重要的社會經濟地位和所處地域的特殊性，面對地震災害時，往往會引發更為嚴重的后果。地震對於建設工程項目的破壞主要在於項目中的建築結構，包括項目場內外的建築物和交通網路設施。作為建設工程項目中的基礎設施，順暢的交通網路是保證項目正常運作施工的重要因素。一旦地震災害不可避免地發生，它除了破壞場內外的建築物，帶來人員傷亡和財產損失外，勢必也會給交通設施帶來破壞。這將直接影響到震后的搶險救災工作，可能引發的后續連鎖反應以及隨之而來的損害是難以估計的，因此必須要未雨綢繆，防範於未然。對於地震風險，由於它是突發性的災難，人們往往難以準確預測它的發生。所以想要提前採取預防措施減少破壞，盡量降低地震風險所帶來的損失，對建築結構進行加固就顯得非常必要，特別是在建設工程項目中有著基礎保障功用的

交通網路設施更加需要在地震來臨之前事先加修鞏固，以實現損失預防和風險減緩。此外，環境保護作為近年來人們普遍關注的熱點，非常有必要結合到建設工程項目中來考慮。項目的整個進程都可能對環境造成破壞和影響，正是由於這種破壞的不確定性和可能引發的不良甚至嚴重的后果導致了環境風險的存在。

二、交通網路加固項目

建設工程項目的交通網路起著基礎性的作用，是整個項目正常運作的命脈。一般情況下，項目的交通網路設施包含有場內交通和場外交通兩個部分，分別承擔場地內機械、設備、人員的運送和項目的對外連接。它們的構築通常情況下是在已有道路的基礎上，根據交通運輸的需要將現有的通路連接，並建築新的通路來共同完成。因此就會出現兩種不同類型的通路：永久通路和臨時通路。顯然這兩種類型在質量上是不一樣的。另外，構成建設工程項目交通網路的通路在重要程度上也有著區別。比如說一些關鍵通路，如橋樑、隧道等，這樣的通路在考慮預防地震破壞，提前加固時應該尤其注意。相對的，一些在功能作用上稍微次之的就被稱為非關鍵通路。由於通路的不同類型，即永久與臨時、關鍵與非關鍵，在進行加固決策時的考慮也是不同的，就是說需要加固的通路是永久的或者關鍵的。當然不同類型的通路所對應的加固和重建成本也是不一樣的。因為如果通路不進行加固，一旦地震發生，被破壞后的重建成本遠大於加固的成本，而臨時通路的成本要低於永久通路的成本。具體來講，根據地震對道路破壞的程度等級，相應的也將加固的決策分為幾個等級。

三、環境成本

近年來，由於環境破壞越發嚴重地影響人類的社會經濟生活，人們也越來越多地關注環境問題。建設工程項目因其規劃施工等過程中對環境造成的改變和破壞，環境問題也愈加受到了重視。環境破壞引發的問題會導致成本的產生，這樣的成本對管理者來說就是損失。而環境成本在建設工程項目總成本中所占的比例越發高漲，更是令人難以對其置之不理。事實上，環境成本的產生可能來自很多方面，但現有的對它的計算一般只是簡單的統計、記錄並將其加入到總成本中，這就使得對這部

分成本的管理往往令人無從下手。除了可能帶來巨額的損失，環境破壞的不確定性也是讓人們困擾的一方面。人們在建設、生產和生活過程中，所遭遇的突發性事故，一般不包括自然災害和不測事件，對環境或健康乃至經濟的危害視為環境破壞，這樣意外事故的出現，往往都令人措手不及。正是由於環境破壞的不確定性和可能引發的嚴重後果，使建設工程項目面臨著環境風險威脅的嚴峻形勢。通過在第三章中對環境風險的識別，風險損失，即為環境成本的組成主要有四個方面，由此來統計、記錄和計算可以給環境風險損失一個系統的刻畫。同時，環境成本可能產生於項目的諸多環節當中，它是伴隨著項目的實施和推進而不斷出現的，而且往往呈現出隱性和長期性的特點。因此為了更為系統地有的放矢地對這部分損失進行控制管理，本書引入了作業成本法（Activity Based Costing，ABC）來有效分析環境成本。這是將工程建設的作業工序作為計算對象，通過作業成本動因來識別度量各作業所造成的環境成本的方法，能對環境成本系統刻畫和有效分析，為風險損失控制管理提供了強有力的依據。

基於 ABC 法，對建設工程項目交通網路加固環境成本的計算可以如圖 7.1 來描述。

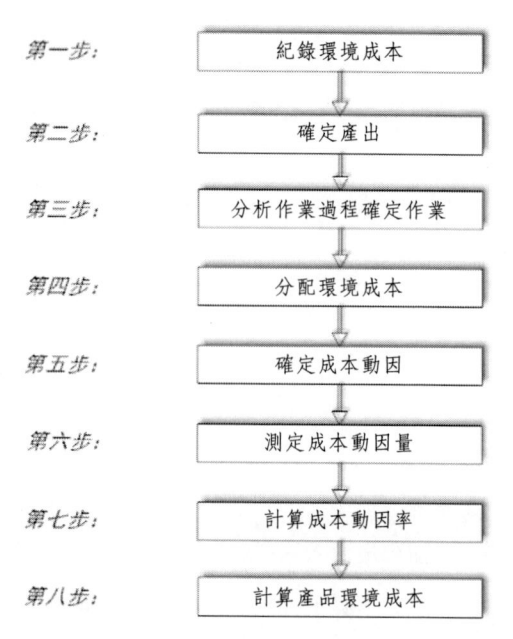

第一步： 紀錄環境成本
第二步： 確定產出
第三步： 分析作業過程確定作業
第四步： 分配環境成本
第五步： 確定成本動因
第六步： 測定成本動因量
第七步： 計算成本動因率
第八步： 計算產品環境成本

圖 7.1 建設工程項目交通網路加固環境成本的 ABC 法計算

如圖 7.1 所示，建設工程項目交通網路加固環境成本參照 Jasch 所提出的四個方面來統計、記錄和計算，通過對一段期間記錄的歷史數據的整理，採用 ABC 法來度量環境成本。基於對項目工作程序的系統分析，應該首先明確其作業的組成和最終的產出。接下來就要將環境成本按照實際問題的情況分配到各作業成本庫中。需要說明的是，不是所有的成本都要分配到作業成本庫中，有些成本是直接與具體的作業有關的，有些則不然。準確地分配成本，一般有如下三種方式：

（1）如果環境成本是跟產出直接相關的，則直接將其計入最終的產出成本。

（2）如果成本是直接與具體的工作作業有關的，則將其計入各作業成本。

（3）成本的產生如果是通過了環境媒介，比如空氣、水、土壤和噪音等，則通過這些媒介將其計入到各作業成本中去。

成本分配完成后，就要確定作業成本動因，測定成本動因量，從而得到最終產出的環境成本。通過這樣系統完整地記錄和計算可以避免環境成本的統計遺漏，而細緻準確的成本分配可以大大地方便對於成本的管理和風險損失的控制。

四、決策結構

由於建設工程項目在應對地震風險的同時，也不可避免地面臨著環境風險，所以兩種風險互相影響，密不可分。因此有必要在討論項目交通網路加固決策以應對地震災害的時候，綜合考慮兩種可能涉及的風險。在所討論的問題中，包含有兩個決策者，一個是項目經理，負責加固措施的決策和對環境風險損失的控制；一個是運輸經理，負責考慮運輸的安排和地震風險對交通的影響。項目經理處於上層決策地位，他決定哪些通路需要加固以及進行哪種等級的加固，以實現加固成本包括環境成本和考慮加固后交通運輸的地震破壞損失的最小化。運輸經理需要考慮在遭遇地震災害交通設施被破壞后，項目交通的流量控制以保證合理的運送安排，當然如果在上層決策中決定了通路的加固，那麼地震所帶來的破壞就會降低。他的目標是追求地震對交通運輸造成破壞所帶來的損失最小化。上層的決策將影響下層的決策，但不是完全控制，而下層則需要在上層決策的範圍內選擇自己最優的方案。本章研究地震可能給建設工程項目造成的破壞，以及為了應對這樣的破壞所採用的加固措施對於環境的影響，並將兩個方面的風險因素綜合起來考慮。相較於文獻中建立的

地震對交通網路破壞和影響的二層決策，本章討論的風險不僅限於地震風險，同時考慮了環境風險，由此產生了風險主體、控制結構、風險表示、模型建立和求解方法等多方面的差異，使得本章和 Liu 等人的研究有著本質上的區別。也正是由於所討論風險控制問題風險主體的二重性引起的二層風險決策結構和風險控制的多目標性，本章中將建立起二層多目標規劃模型來討論。

第二節　風險識別和評估

在本書第一章第三節中，已分別通過示例對地震風險和環境風險使用事件樹分析法和情景分析法進行了識別和分析，並將地震對建築結構和項目對環境的複合不確定性破壞進行了風險評估，故在本章中對此不再贅述。

第三節　風險損失控制模型建立

一、模型架構與相關假設

以建設工程項目—地震環境風險的損失控制為目標，綜合考慮項目交通網路加固和震后影響，在基本假設的基礎上，建立二層多目標風險損失控制的規劃模型。

通過在第三章中對建設工程項目地震和環境風險的識別和評估，我們知道這兩種風險的主要不確定性因素是用模糊隨機變量描述的。具體到這個問題中，我們用 $G(B, A)$ 來表示建設工程項目的交通網路，其中 B 代表節點，A 代表通路。上層決策的變量 $u_a \in \{0,1,2,3,4,5\}$ 表示對通路 a 決定按照等級 u_a 進行加固，其中 $a \in A$。對於每條運輸路徑 $k \in \{1,\cdots,K\}$，$x_k \in R_+$ 代表其流量（這是在下層決策中由運輸經理決定的），同時 $ca_b \in R_+$ 來描述節點 b，$b \in B$ 的容量。fl_a 是通路 a 的總流量（$fl_a = Mx$，$\forall a \in A$）。為了建立起地震—環境風險下的建設工程項目損失控制模型，首先給出如下假設：

（1）建設工程項目交通網路包含場內交通和場外交通兩個子系統，系統中的通

路有永久和臨時、關鍵與非關鍵的類型區分。

（2）需要考慮加固為永久或關鍵的通路。

（3）加固施工的工作作業過程和工序作業對於永久和臨時通路是相同的。

（4）臨時通路加固施工的變動成本要低於永久通路。

（5）加固成本和加固決策變量之間是線性的關係，如果有更多數據的支持，關係可以調整而不影響建模。

（6）環境成本和加固決策變量之間是線性的關係，如果有更多數據的支持，關係可以調整而不影響建模。

（7）運輸路徑是提前確定好的。

（8）交通網路中的流量是可以通過控制來達到系統平衡的。

（9）加固后的通路破壞等級可以由加固前的破壞等級減去加固決策的等級來得到。

（10）重建成本和加固后的通路破壞情況之間是線性的關係，如果有更多數據的支持，關係可以調整而不影響建模。

問題決策概念模型如圖7.2所示。

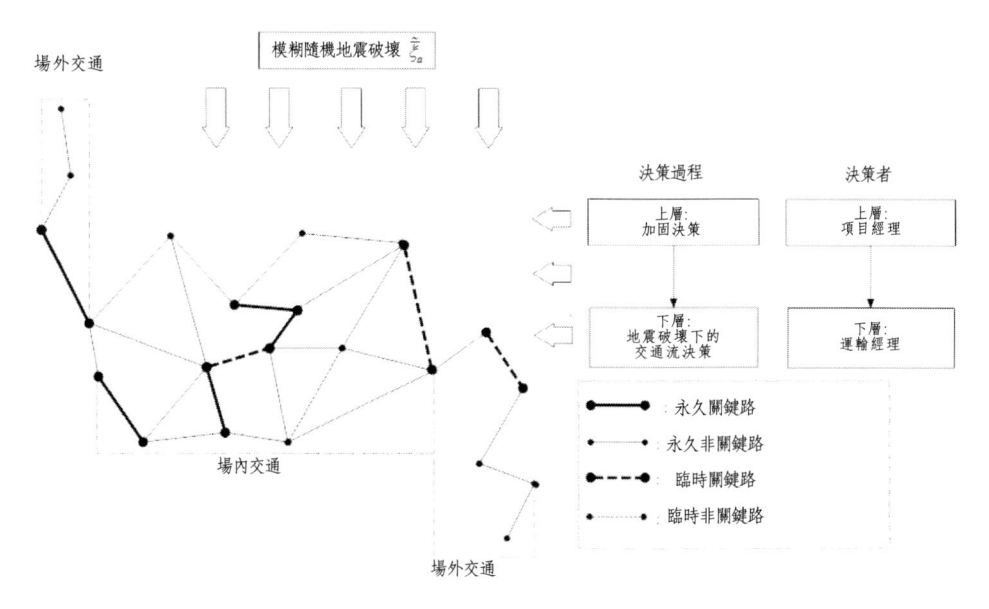

圖7.2 二層複合風險損失控制決策結構

建立二層多目標模糊隨機規劃模型是希望能夠解決建設工程項目的地震風險和環境風險損失與控制問題。為了方便模型的架構，首先給出如附錄符號 7.1 所示記號。

下面，分別對上層和下層規劃進行建模，並整合給出模糊隨機不確定環境下二層多目標地震一環境風險損失控制模型。

二、上層規劃

項目經理在決定建設工程項目交通網路中的每個通路是否需要進行加固以及加固的等級時，需要考慮通路的不同類型，也就是永久和臨時、關鍵與非關鍵。

1. 目標函數

上層決策的一個目標就是成本，包括加固成本和環境成本。在這裡將加固成本直接考慮為目標，從系統的結構性角度出發。加固成本由變動成本和固定成本組成，它的計算由交通網路中的每個通路的成本加總而得。由於加固成本對於永久和臨時通路是不一樣的，因此為了區分不同的通路類型，我們引入了 0-1 變量。m_a 取值為 1 代表永久通路，反之為臨時通路；n_a 為 1 時表示關鍵通路，反之為非關鍵通路。由此，加固成本可以如下表示：

$$\sum_{a \in A} (m_a \vee n_a) \left((c_{va}^t + m_a c_{va}^p) u_a + (c_{fi}^t + m_a c_{fi}^p) \right)$$

其中，$\vee$ 表示 max，即為 $\max[m_a, n_a]$。

基於 ABC 法和假設，$\sum_{a \in A} (m_a \vee n_a)(ce_v^t + ce_v^p) u_a$ 是變動環境成本 v，而 ce_f^f 是固定環境成本 f。通過工作作業過程的分析、作業確認和成本分配，$ce_f^c = \sum_{v \in V} pe_{jv}^v$ $\sum_{a \in A} (m_a \vee n_a)(ce_v^t + ce_v^p) u_a$，表示的是作業成本中心 j 中的變動環境成本，而 $\sum_{f \in F} pe_{ij}^f ce_f$ 則表示產出 i 的固定環境成本。確定作業成本動因和成本動因量的測定，$ra_j = \dfrac{ce_j^c}{am_j}$ 是作業成本中心 j 的成本動因率，而產出 i 的變動環境成本就為 $\sum_{j \in J} ra_j am_{ij}$。最終環境成本可以表示為如下：

$$\sum_{i \in I} \left(\sum_{j \in J} \dfrac{\sum_{v \in V} pe_{jv}^v \sum_{a \in A} (m_a \vee n_a)(ce_v^t + ce_v^p) u_a}{am_j} am_{ij} + \sum_{f \in F} pe_{ij}^f ce_f \right)$$

這是基於風險的識別和評估，對環境風險可能損失的表達，加上環境破壞的可能等級為 $\tilde{\xi}$，就可以完整地刻畫建設工程項目的環境風險損失值，從而通過模型來進行損失預防控制。

由此可以得到上層決策的成本目標函數，如（7-1）所示：

$$C(u) = \sum_{a \in A} (m_a \vee n_a) \left((c_{va}^t + m_a c_{va}^p) u_a + (c_{fi}^t + m_a c_{fi}^p) \right)$$
$$+ \rho \tilde{\xi} \sum_{i \in I} \left(\sum_{j \in J} \frac{\sum_{v \in V} pe_{jv}^v \sum_{a \in A} (m_a \vee n_a)(ce_v^t + ce_v^p) u_a}{am_j} am_{ij} + \sum_{f \in F} pe_{if}^f ce_f^f \right) \quad (7-1)$$

其中，ρ 表示環境成本權重，由項目經理的偏好決定。

另一方面，在考慮加固后，交通運輸的地震破壞損失也是上層決策的目標之一，這是希望通過加固后，能夠盡量減少這部分損失。它由下層規劃的計算而得，包括交通網路重建的成本和交通阻滯帶來的成本損失，如（7-2）所示：

$$Q(x, \tilde{\tilde{\xi}}) \quad (7-2)$$

$\tilde{\tilde{\xi}}$ 是 $\tilde{\tilde{\xi}}_a (a \in A)$ 的向量組合。這裡的地震風險是在識別和評估後，用不確定變量的形式表達出來，並經由模型來實現風險損失的預防控制。

2. 邏輯約束

為了讓決策變量符合實際意義，它必須要有邏輯上的約束，即：

$$u_a \in \{0,1,2,3,4,5\}, \forall a \in A \quad (7-3)$$

由目標函數和約束，可以得到上層決策的規劃模型，如（7-4）所示：

$$\min(C(u), Q(x, \tilde{\tilde{\xi}})) = \left(\sum_{a \in A} (m_a \vee n_a) \left((c_{va}^t + m_a c_{va}^p) u_a + (c_{fi}^t + m_a c_{fi}^p) \right) \right.$$
$$+ \rho \tilde{\xi} \sum_{i \in I} \left(\sum_{j \in J} \frac{\sum_{v \in V} pe_{jv}^v \sum_{a \in A} (m_a \vee n_a)(ce_v^t + ce_v^p) u_a}{am_j} am_{ij} \right.$$
$$+ \left. \sum_{f \in F} pe_{if}^f ce_f^f \right), Q(x, \tilde{\tilde{\xi}}) \right)$$
$$s.t. \begin{cases} u_a \in \{0,1,2,3,4,5\}, \forall a \in A \\ P_l \end{cases} \quad (7-4)$$

上層規劃對於建設工程項目風險損失的控制體現在最小化地震損失和環境成本上，其中最小化的地震損失由下層規劃計算而得。

三、下層規劃

下層規劃中，在遭受地震災害后，運輸經理決定運輸路徑上的流量 x_k，以滿足運送的需要。在建設工程項目的交通網路中，從一個起點出發到一個目的地的所有通路組成一條運輸路徑，不同的路徑是不同的出發點和終點間的通路 k。x_k 用來表示路徑 k 上的流量。最優的流量控制決策是能夠實現，在經過通路加固后，建設工程項目交通網路所遭受的地震損失最小化的決定。

$\tilde{\tilde{\Xi}}$ 描述的是經過加固后，通路再遭遇地震時的破壞等級。其中，$\tilde{\tilde{\Xi}}$ 是 $\tilde{\tilde{\Xi}}_a(a \in A)$ 的向量組合。加固后的通路破壞等級可以由加固前的破壞等級減去加固決策的等級來得到。事實上，負的通路破壞等級是沒有意義的，所以負的等級直接取值為 0，它表示通路被保護得很好，沒有遭受破壞。下式定義了加固后的通路破壞等級：

$$\tilde{\tilde{\Xi}}_a(\tilde{\tilde{\xi}}_a, u_a) = [\tilde{\tilde{\xi}}_a - u_a]_+, \quad \forall a \in A$$

1. 目標函數

地震對於建設工程項目交通網路破壞所造成的損失是下層規劃的目標，它包括交通網路重建的成本和交通阻滯帶來的成本。運輸經理就是以這個成本最小化為目標的。根據假設，重建成本如下所示：

$$\sum_{a \in A} (m_a \vee n_a)((cr_{va}^t + m_a cr_{va}^p) \tilde{\tilde{\Xi}}_a + (cr_{fi}^t + m_a cr_{fi}^p))$$

這是通過計算在地震災害后交通網路進行重建的變動成本和固定成本得到的。交通阻滯成本是對災后交通網路中各通路所有耗時計算后，再轉化為以貨幣值表示的成本。交通網路各通路的耗時是用它通過的時間和流量的乘積來表示的，當然通過時間也是和流量有關聯的，它們的關係可以用 Bureau of Public Roads（BPR）函數來描繪。這個函數的形式是 $ti_a^0(1 + \alpha(fl_a/ca_a')^\beta)$，是一個非減的函數。其中，$ti_a^0$ 和 fl_a 分別表示通路 a 在空置時的通過時間和總流量，ca_a' 表示通路 a 的實際容量，其為設計容量的 90%。所以交通阻滯成本可以表示為：

$$ti_a^0(1 + \alpha(fl_a/ca_a')^\beta)fl_a$$

那麼下層規劃的目標函數即為下式所示：

$$Q(x, \tilde{\tilde{\xi}}) = \sum_{a \in A} (m_a \vee n_a)((cr_{va}^t + m_a cr_{va}^p) \tilde{\tilde{\Xi}}_a + (cr_{fi}^t + m_a cr_{fi}^p))$$

$$+\gamma ti_a^0(1+\alpha(fl_a/ca_a')^\beta)fl_a \tag{7-5}$$

其中，γ 是時間到貨幣值的轉化係數，α、β 是 BPR 函數的係數。而 $\tilde{\tilde{\Xi}}_a$ 也就是 $[\tilde{\tilde{\xi}}-U_a]_+$。這裡的地震風險是在識別和評估後，用不確定變量的形式表達出來，並經由模型來實現風險損失的預防控制。

2. 節點流量約束

在地震發生時，為了及時搶險救災，交通網路中的各節點，也就是運輸的中轉地點必須發揮最大的功效，所以應該對其進行充分的利用。這個約束就是為了平衡運輸的流量和節點的容量，保證不超過容量限制的情況下，最大地發揮節點的作用。

$$Wx = ca_b, \quad \forall b \in B \tag{7-6}$$

其中，W 是節點-路徑關聯矩陣；x 是路徑流量的向量組合，x_k，$k \in K$；$ca_b \in R_+$，是節點 b 的容量。

3. 流量等式約束

通路 a 的流量由所有包含它的路徑 k 的流量加總而得。

$$fl_a = Mx, \quad \forall a \in A \tag{7-7}$$

其中，M 為通路-路徑關聯矩陣。

4. 通路震后流量約束

遭遇地震后，通路因為被破壞，在流量上必定有所減少且不能超過限制。

$$fl_a \leq (1-\tilde{\tilde{\Xi}}_a/5)ca_a', \quad \forall a \in A \tag{7-8}$$

其中，fl_a 由公式（7-7）而得。這裡的地震風險是在識別和評估後，用不確定變量的形式表達出來，並經由模型來實現風險損失的預防控制。

5. 邏輯約束

為了保證決策變量的實際意義，它必須要有邏輯上的約束。

$$x \geq 0, \forall k = 1,\cdots,K \tag{7-9}$$

由上面的目標函數和約束，可以得到下層規劃的模型如下：

$$Q(x,\tilde{\tilde{\xi}},\tilde{\zeta}):=\min \sum_{a \in A}(m_a \vee n_a)((cr_{va}^t+m_a cr_{va}^p)\tilde{\tilde{\Xi}}_a+(cr_{fi}^t+m_a cr_{fi}^p))$$
$$+\gamma ti_a^0(1+\alpha(fl_a/cq_a')^\beta)fl_a$$

$$s.t. \begin{cases} Wx = ca_b, \forall b \in B \\ fl_a = Mx, \forall a \in A \\ fl_a \leq (1-\tilde{\tilde{\Xi}}_a/5)cq_a', \forall a \in A \\ x_k \geq 0, \forall k=1,\cdots,K \end{cases} \quad (7\text{-}10)$$

由於建設工程項目的地震風險和環境風險互相融合影響,不能簡單地獨立看待,所以,單獨考慮各個決策是不合理的。加固決策的結果會直接影響運輸安排計劃,而運輸中的成本又會反應到加固中去。在通過風險的識別和評估后,將各風險因素建立到模型的目標和約束條件中,從而經過模型的求解來實現損失預防控制的目標。因此,綜合上層規劃模型(7-4)和下層規劃模型(7-10),在模糊隨機環境下,二層多目標地震—環境風險損失控制模型的數學表達式如下:

$$\min(C(u), Q(x,\tilde{\tilde{\xi}})) = \Big(\sum_{a \in A}(m_a \vee n_a)((c_{va}^t + m_a c_{va}^p)u_a + (c_{fi}^t + m_a c_{fi}^p))$$
$$+ \rho\tilde{\tilde{\xi}}\sum_{i \in I}\sum_{j \in J}\frac{\sum_{v \in V}pe_{jv}^v\sum_{a \in A}(m_a \vee n_a)(ce_v^t + ce_v^p)u_a}{am_j}am_{ij}$$
$$+ \sum_{f \in F}pe_{if}^f ce_f^f\Big), Q(x,\tilde{\tilde{\xi}})\Big)$$

$$s.t. \begin{cases} u_a \in \{0,1,2,3,4,5\}, \forall a \in A \\ Q(x,\tilde{\tilde{\xi}}) := \min\sum_{a \in A}(m_a \vee n_a)((cr_{va}^t + m_a cr_{va}^p)\tilde{\tilde{\Xi}}_a + (cr_{fi}^t + m_a cr_{fi}^p) \\ \qquad + \gamma ti_a^0(1+\alpha\,(fl_a/ca_a')^\beta)fl_a) \\ s.t. \begin{cases} Wx = ca_b, \forall b \in B \\ fl_a = Mx, \forall a \in A \\ fl_a \leq (1-\tilde{\tilde{\Xi}}/5)cq_a', \forall a \in A \\ x_k \geq 0, \forall k=1,\cdots,K \end{cases} \end{cases} \quad (7\text{-}11)$$

四、模型解析

為了處理模型(7-11)中的模糊隨機變量,提出了一種新穎的方法將這樣的變

量轉化為類似於梯形模糊數的模糊變量。同時對變化而來的二層多目標模糊規劃，參照文獻給出求解的方法，為后面的算法設計提供依據。

1. 模糊隨機變量轉化

Xu 和 Liu 在他們的文章中提出了一個可以將模糊隨機變量轉化為類似於梯形模糊數的模糊變量。書中的研究調整了這個定理和它的證明，使其能夠更加適用於離散隨機變量，有著具有模糊性質的浮動上邊界、中值、下邊界參數。

經過定理 7.1 及證明如附錄所示，模糊隨機的破壞等級，包括地震對建設工程項目交通網路的破壞和項目對環境的破壞，$\tilde{\bar{\xi}}$ 和 $\tilde{\varsigma}$，可以轉化為 (δ, η)，水平梯形模糊變量 $\tilde{\xi}_{(\delta, \eta)}$ 和 $\tilde{\varsigma}_{(\delta, \eta)}$。因此模型（7-11）可以轉化為二層多目標模糊規劃。

$$\min(C(u), Q(x, \tilde{\xi}_{(\delta,\eta)}, \tilde{\varsigma}_{(\delta,\eta)})) = \left(\sum_{a \in A} (m_a \vee n_a)((c_{va}^t + m_a c_{va}^p) u_a + (c_{fi}^t + m_a c_{fi}^p)) \right.$$

$$+ \rho \tilde{\xi}_{(\delta,\eta)} \sum_{i \in I} \left(\sum_{j \in J} \frac{\sum_{v \in V} pe_{jv}^v \sum_{a \in A} (m_a \vee n_a)(ce_v^t + ce_v^p) u_a}{am_j} am_{ij} \right.$$

$$\left. \left. + \sum_{f \in F} pe_{if}^f ce_f^f \right), Q(x, \tilde{\xi}_{(\delta,\eta)}) \right)$$

$$s.t. \begin{cases} u_a \in \{0,1,2,3,4,5\}, \forall a \in A \\ Q(x, \tilde{\xi}_{(\delta,\eta)}) := \min \sum_{a \in A} ((m_a \vee n_a)((cr_{va}^t + m_a cr_{va}^p)[(\tilde{\xi}_{(\delta,\eta)})_a - u_a]_+ \\ \qquad + (cr_{fi}^t + m_a cr_{fi}^p)) + \gamma t i_a^0 (1 + \alpha (fl_a / cq_a')^\beta) fl_a) \\ s.t. \begin{cases} Wx = ca_b, \forall b \in B \\ fl_a = Mx, \forall a \in A \\ fl_a \leq (1 - [(\tilde{\xi}_{(\delta,\eta)})_a - u_a]_+ / 5) cq_a', \forall a \in A \\ x_k \geq 0, \forall k = 1, \cdots, K \end{cases} \end{cases} \quad (7-12)$$

2. 模糊變量分解逼近

在模型（7-11）中，$\tilde{\bar{\xi}}$ 和 $\tilde{\varsigma}$ 是參數，在被轉化為 $\tilde{\xi}_{(\delta, \eta)}$ 和 $\tilde{\varsigma}_{(\delta, \eta)}$ 后，這些模糊變量可以被視為模糊數，所以可以引入分解逼近的方法。這個方法是用以求解二層多目標模糊規劃的。

通過文獻中的定理 17 和 18，模型（7-12）的解可以通過對等價清晰的二層多目標規劃模型的求解得到。

在模糊隨機變量轉化為 (δ, n) 水平梯形模糊變量後，將會對這樣變量進行分解直至到達終止條件。在分解的過程中，模型（7-13）將在一系列的 λ 值下求解，而 λ 就是由區間 [0, 1] 等分而來的。

這裡給出的對模糊隨機變量的轉化實際上是基於決策者的偏好進行的，主要體現在對隨機變量概率水平 δ 和模糊變量可能性水平 η 的選擇上。在經過這樣的處理後，建設工程項目地震和環境風險的不確定性因素就會按照決策者，即為項目經理和運輸經理的偏好進行轉化，相應所得的風險損失值，也就轉化為了風險損失偏好值，從而應用到模型中去。再通過以風險損失偏好值最小化為準則的決策過程，得到的結果就可以作為具體實施和管理建議的依據。使用分解逼近的方法對模糊變量的處理並求解，將作為后面算法設計的依據。

$$\min(C(u), Q(x, \xi_\lambda^{L(R)}, \varsigma_\lambda^{L(R)})) = \left(\sum_{a \in A} (m_a \vee n_a)((c_{va}^t + m_a c_{va}^p) u_a + (c_{fi}^t + m_a c_{fi}^p)) \right.$$

$$+ \rho \varsigma_\lambda^L \sum_{i \in I} \sum_{j \in J} \left(\frac{\sum_{v \in V} pe_{jv}^v \sum_{a \in A}(m_a \vee n_a)(ce_v^t + ce_v^p) u_a}{am_j} am_{ij} \right.$$

$$\left. + \sum_{f \in F} pe_{if}^f ce_f \right), \sum_{a \in A}(m_a \vee n_a)((c_{va}^t + m_a c_{va}^p) u_a + (c_{fi}^t + m_a c_{fi}^p))$$

$$+ \rho \varsigma_\lambda^R \sum_{i \in I} \sum_{j \in J} \left(\frac{\sum_{v \in V} pe_{jv}^v \sum_{a \in A}(m_a \vee n_a)(ce_v^t + ce_v^p) u_a}{am_j} am_{ij} \right.$$

$$\left. + \sum_{f \in F} pe_{if}^f ce_f \right), (Q(x, \xi_\lambda^L), Q(x, \xi_\lambda^R)) \Big)$$

$$\begin{cases} u_a \in \{0,1,2,3,4,5\}, \forall a \in A \\ Q(x,\xi_\lambda^{L(R)}) = (Q(x,\xi_\lambda^L), Q(x,\xi_\lambda^R)) \\ := \min\Big(\sum_{a \in A} ((m_a \vee n_a)((cr_{va}^t + m_a cr_{va}^p)[(\xi_a)_\lambda^L - u_a]_+ + (cr_{fi}^t + m_a cr_{fi}^p)) \\ \quad + \gamma ti_a^0(1 + \alpha (fl_a/cq_a')^\beta)fl_a), \sum_{a \in A} ((m_a \vee n_a)((cr_{va}^t + m_a cr_{va}^p)[(\xi_a)_\lambda^R - u_a]_+ \\ s.t. \quad + (cr_{fi}^t + m_a cr_{fi}^p)) + \gamma ti_a^0(1 + \alpha (fl_a/cq_a')^\beta)fl_a) \\ s.t. \begin{cases} Wx = ca_b, \forall b \in B \\ fl_a = Mx, \forall a \in A \\ fl_a \leq (1-[(\xi_a)_\lambda^L - u_a]_+/5)ca_a', \forall a \in A \\ fl_a \leq (1-[(\xi_a)_\lambda^R - u_a]_+/5)cq_a', \forall a \in A \\ x_k \geq 0, \forall k = 1, \cdots, K \end{cases} \end{cases} \quad (7-13)$$

五、基於分解逼近 AGLNPSO

Jeroslow 在 1985 年就曾證明過二層線性規劃問題是一個 Non-deterministic Polynomial time hard（NP 難）問題，Bard 更是提出了將一些典型的 NP 難問題通過多項式的轉化變為二層線性規劃問題，由此說明驗證該問題計算的重複性。因此，這樣的結論意味著不能用通常的多項式算法來求解這樣的問題。在眾多已設計和提出的算法當中，PSO 作為求解二層規劃的典型進化算法之一，同時因為其對多目標優化的成功求解，在解決二層多目標問題時能夠表現出更為優秀的特性。為此，就所討論的具體問題，考慮二層和多目標的模型特點，這章繼續選用 PSO 算法，並在此基礎上，針對所討論問題的特殊性，為轉化后的清晰等價模型創建更為方便有效的算法。

1. AGLNPSO

GLNPSO 是基於基礎 PSO 提出的對尋優和優算進行了改進的算法。基礎的 PSO 在粒子更新時，其方向主要是參考個人最優值（pbest）和全局最優值（gbest）。然而由於一些極端情況的出現，使得最優方向的尋找可能令粒子過快地陷入收斂，而這時候的收斂結果，往往都是局部最優解，沒法令人滿意。在這樣的情況下，一些

學者提出了粒子優化的多社會結構，為粒子優化的方向找到了另外兩個方向，局部最優值（lbest）和鄰近最優值（nbest）。這樣的改進，可以為粒子提供更為多元化的進化方向，可以大大地擴大解的搜索空間，同時也能更快地實現最優。另一方面，在粒子更新的過程中，其慣性權重決定著它的運動情況，如果權重太大，粒子更多將沿著自身的運動軌跡活動，而權重太小，又會引發粒子的從眾行為，因此對其作出調整，可以大大改善粒子尋優的結果。於是 Ueno 等人提出了慣性權重自適應的方法（APSO）來改進粒子的運動規律，並將其融合到 GLNPSO 中，形成了 AGLNPSO。這個基於基礎 PSO 改進的算法，主要的過程可以描述如下（附錄符號 7.2 引入算法記號以方便算法的描述）：

（1）初始化迭代系數、粒子結構。

（2）解碼粒子，可行性檢查，得到問題的解值。

（3）評價各粒子得到適應值。

（4）更新 pbest、gbest、lbest、nbest。

（5）更新慣性權重。

（6）更新粒子位置和慣性，並確保其在可行域內。

（7）檢查迭代條件，如果滿足則退出並得到問題的最優解，反之則返回第 2 步繼續。

2. 分解逼近法

分解逼近的方法是根據上面對二層多目標模糊規劃模型的數學處理而得來的具體實施算法。它是專門解決這類模糊規劃的有效方法，通過對帶有模糊變量的規劃進行不斷地細分，形成一系列清晰的等價模型。經過模型的求解，找到分解后模型的解值差在可接受閾值範圍內的清晰等價模型，則視為對模糊規劃的最終求解。在下面的算法創建中，將這種方法融入針對所討論問題的具體求解算法中。

3. 算法過程

基於以上的介紹和討論，針對建設工程項目中地震—環境風險的損失與控制問題，提出了基於分解逼近的 AGLNPSO（Approximation Decomposition-based AGLNPSO），詳細內容如附錄程序 7.1 所示。

第七章　某交通網路加固項目的風險損失控制——複合型

第四節　案例應用

　　以上提出的方法將會應用到一個大型水利水電建設工程項目中，以驗證方法的可行性和有效性。為了與前面章節相關聯，關於這個建設工程項目的討論主要集中在地震和環境風險的損失控制上。

　　溪洛渡水電站，是金沙江流域的大型建設工程項目，位於四川省雷波縣和雲南省永善縣接壤的溪洛渡峽谷段，是一座以發電為主，兼有攔沙、防洪和改善下游航運等綜合效益的大型水電站。由於這個項目地處山地和河域峽谷地帶，又正好在四川省和雲南省交界處的地震多發帶上，因此地震頻發，影響巨大。比如2008年震驚世界的汶川大地震和隨後的攀枝花會理地震曾均給當地的政治經濟生活帶來過嚴重的破壞。再考慮到溪洛渡水電站重要的經濟和社會地位，非常有必要對其面臨的地震風險實施控制。特別是這個建設工程項目的交通網路設施，尤其值得關注，主要是因為該區域所處的縣區經濟還不是特別發達，道路路況等本就不甚理想，在遭遇地震的破壞後，其后果可想而知。因此，在地震災害來臨之前，提前對項目場內外的交通網路進行加固勢在必行。另外，因為該地域的開發尚淺，自然和生態環境都還保持著較好的原始風貌，如此大型的建設工程項目在此動工，勢必會對當地造成不小的影響，對交通網路設施的加固也是如此。因此，面對可能造成的環境破壞，必須考慮環境保護的問題。那麼對環境風險損失，以及相應環境成本的控制是必要的。本書以溪洛渡水電站的交通網路設施為例，通過應用所提出的方法來控制其地震和環境風險的損失。其中，應用實例數據主要是參考各類工程數據、博士論文、文獻等，並結合項目實際整理而來。

一、案例問題情況

　　這個建設工程項目的交通網路包括場內交通和場外交通兩個系統。場內交通由20條主要的道路構成，它們分別分佈在金沙江的左右兩岸，共同構成一個穩定的交通網路。其中，有一條臨時的交通橋建築在河道上游，且另有一條永久的交通橋位

於河道下游。場外交通由一些供機動車行駛的二級公路組成，起於項目的大壩，終點連接到普洱渡火車站，用以滿足項目的對外運輸。為了能夠更為方便地應用本書中所提出的方法，我們將相鄰的一些同類型道路進行了合併，同時忽略道路的具體走向和形狀等特徵。一個簡化的溪洛渡水電站建設工程項目的交通網路抽象圖如圖 7.3 所示。

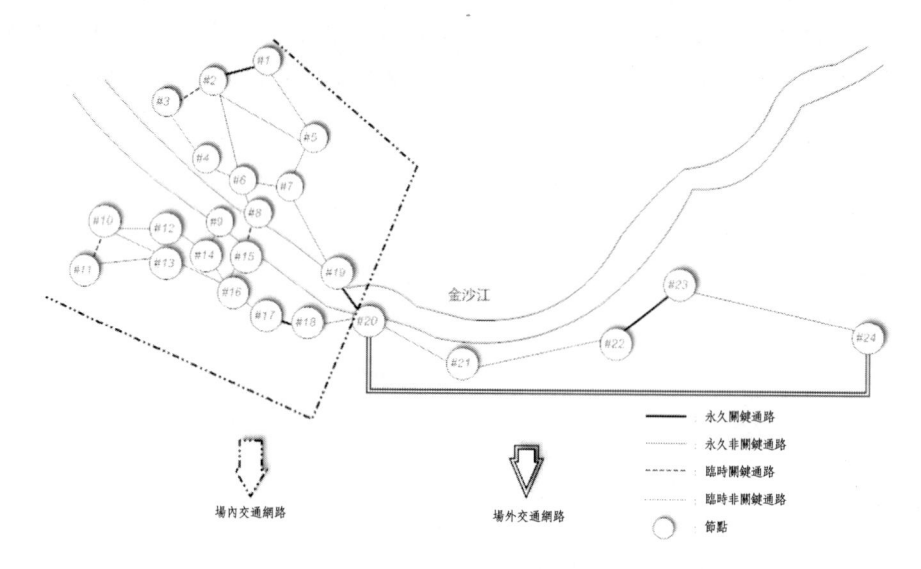

圖 7.3　項目案例的結構

在圖 7.3 中根據道路的實際坐落位置描述了整個交通網路，並且區分了永久和臨時、關鍵和非關鍵四種通路的類型。可以看到，這個簡化的抽象交通網路中共有 24 個節點和 29 條通路。其中共有 12 條預先確定的分別從起點到終點的運輸路徑。這些運輸路徑中包含的 16 個用於出發、中轉、到達的節點都有容量上的限制（即為可供通過的車輛數，單位：輛 n）。表 7.3 和表 7.4 給出了相關的數據。

表 7.3　　　　　　　　　　　　　　　運輸路徑

運輸路徑 k	路徑組成
1′	#24→#23→#22→#21→#20
2′	#20→#21→#22→#23→#24
3′	#20→#19→#7→#5→#2
4′	#2→#5→#7→#19→#20
5′	#6→#7→#19→#20

表7.3(續)

運輸路徑 k	路徑組成
6′	#20→#19→#7→#6
7′	#20→#18→#17→#16→#13
8′	#13→#16→#17→#18→#20
9′	#20→#18→#17→#16→#14
10′	#14→#16→#17→#18→#20
11′	#20→#18→#17→#16→#15
12′	#15→#16→#17→#18→#20

表 7.4　　　　　　　　　　運輸路徑中的節點容量

節點 b	#24	#23	#22	#21	#20	#19	#7	#5	#2	#6	#18	#17	#16	#13	#14	#15
容量 $ca_b(n)$	51	51	51	51	149	49	49	22	22	25	49	49	49	16	18	15

對於這個建設工程項目交通網路中的通路，它們都有著各自的空置時的通過時間 t_a^0（單位：小時 h），實際容量 c_a'（即為可供通過的車輛數，單位：輛 n），這個值是其設計容量的 90%，相關的數據在表 7.5 中給出，而地震對於交通網路設施的模糊隨機破壞在第三章中已作為示例給出。

表 7.5　　　　　　　　　　運輸路徑中的節點容量

通路 a	對應節點	空置時的通過時間 $t_a^0(h)$	實際容量 $c_a'(n)$
1	#1，#2	0.10	72
2	#2，#3	0.08	75
3	#1，#5	0.25	87
4	#2，#5		
5	#2，#6		
6	#3，#4		
7	#4，#6		
8	#6，#7		
9	#5，#7		
10	#6，#8		
11	#7，#19		

表7.5(續)

通路 a	對應節點	空置時的通過時間 $t_a^0(h)$	實際容量 $c_a'(n)$
12	#19，#20	0.10	101
13	#10，#11	0.05	96
14	#1，#5	0.30	90
15	#12，#14		
16	#14，#16		
17	#9，#14		
18	#11，#13		
19	#13，#16		
20	#10，#13		
21	#15，#16		
23	#16，#17		
25	#18，#20		
22	#8，#15	0.09	89
24	#17，#18	0.10	84
26	#20，#21	0.40	126
27	#21，#22		
29	#23，#24		
28	#22，#23	0.15	96

在這個應用案例中，建設工程項目交通網路設施的加固總共有兩種產出：永久通路的加固（$i=1$），臨時通路的加固（$i=2$）。加固施工的作業過程對於兩種道路來說是沒有區別的。整個施工過程一共包含10個作業，$j=1,\cdots,10$：①路面破除；②溝槽開挖；③管道鋪設；④溝槽回填；⑤土石加固；⑥平整路基；⑦排水溝開挖；⑧修築路邊石；⑨修築路基；⑩修築路面。

需要注意的是對每個作業都建立一個作業成本庫。在這個建設工程項目交通網路加固的施工中，共有五種環境破壞的媒介：①空氣；②污水；③建築垃圾；④土壤和地下水；⑤噪音和震動。

根據文獻，該項目的環境成本主要來自於如下四個方面：

（1）污染和排放物處理：相關設備、運作、維護和服務，相關人員，稅費，保險。

(2) 預防和環境保護：環境防護管理，環境防護活動。

(3) 無功效產出材料購置：主材料，輔助材料，運作材料，包裝，能源，水。

(4) 無功效產出處置：設備，人工。

1、3、4 這三種環境成本的來源是變動成本（v = 1, 2, 3），而成本來源 b 是固定成本，它們的具體數據如下（單位：元）：

$$[ce_1^p, ce_2^p, ce_3^p] = [11,800, 5,764, 2,216]$$

$$[ce_1^t, ce_2^t, ce_3^t] = [73,870, 8,665, 3,365]$$

$$ce_1^f = 36,538$$

因此環境成本的分配過程可以如圖 7.4 所示。

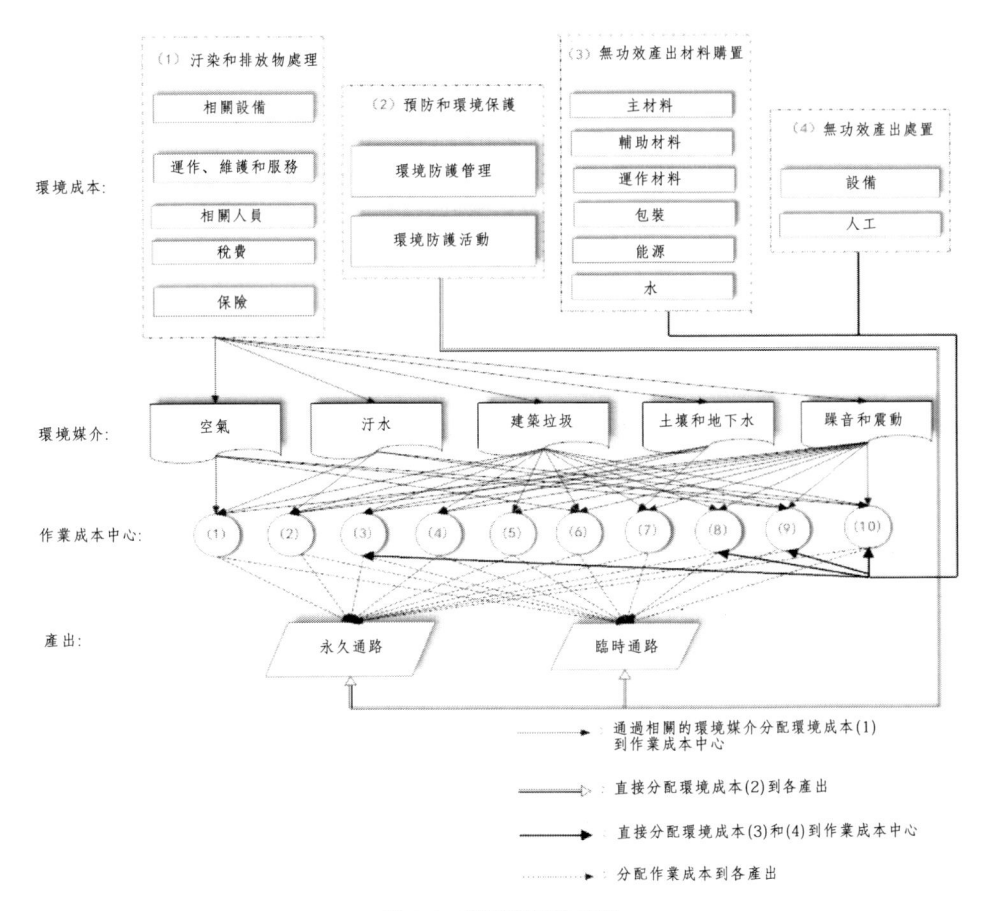

圖 7.4 項目實例的結構

根據問題的實際情況參考圖 7.4，各產出在固定成本（也就是成本來源 2）上的比例為：

$$[pre_1 1^f, pre_2 1^f] = [90.8\%, 9.2\%]$$

為了最終計算各產出的環境成本，各作業成本中心（$j=1,\cdots,10$）相關的數據在表 7.6 中給出。

表 7.6　　　　　　　　各作業成本中心的相關數據

作業成本中心	jpe_{j1}^r	pe_{j2}^v	pe_{j3}^v	am_j	am_{1j}	c_{fi}^t
1	15.60%	0.00%	0.00%	426.30	408.10	18.20
2	6.70%	0.00%	0.00%	9.74	9.32	0.42
3	6.70%	25.00%	25.00%	60.90	58.30	2.60
4	6.70%	0.00%	0.00%	3.35	3.21	0.14
5	5.40%	0.00%	0.00%	25.58	24.49	1.09
6	15.60%	0.00%	0.00%	426.30	408.10	18.20
7	6.70%	0.00%	0.00%	0.61	0.58	0.03
8	5.40%	25.00%	25.00%	60.90	58.30	2.60
9	15.60%	25.00%	25.00%	426.30	408.10	18.20
10	15.60%	25.00%	25.00%	426.30	408.10	18.20

j 是各作業成本中心占變動成本的比例。

$$[pe_{j1}^v, pe_{j2}^v, pe_{j3}^v]$$

am_j 表示作業成本中心 j 的成本動因總量，$[am_{1j}, am_{2j}]$ 為各產出在作業成本中心 j 中的成本動因量。

此外，與該項目交通網路設施加固和震後重建有關的數據在表 7.7 中給出，其他的模型參數分別設定為 $\delta=0.2$，$\eta=0.6$，$\rho=1$，$\alpha=0.25$，$\beta=2$，$\gamma=1$。

表 7.7　　　　　　　　各作業成本中心的相關數據

項目	成本（元）
永久通路變動加固成本的增加值（基於加固等級 1）c_{va}^p	16,732
臨時通路變動加固成本的增加值（基於加固等級 1）c_{va}^t	30,528
永久通路固定加固成本的增加值（基於臨時通路）c_{fi}^p	14,525
臨時通路固定加固成本 c_{fi}^t	28,637

表7.7(續)

項目	成本（元）
永久通路變動重建成本的增加值（基於破壞等級1）cr_{ra}^{p}	107,052
臨時通路變動重建成本的增加值（基於破壞等級1）cr_{ra}^{t}	98,063
永久通路固定重建成本的增加值（基於臨時通路）cr_{fi}^{p}	69,894
臨時通路固定重建成本 cr_{fi}^{t}	50,183

二、案例問題結論

按照書中所提的方法，通過第三章風險的識別可以知道在建設工程項目中地震和環境風險的主要因素在於模糊隨機的破壞，包括地震對項目交通網路設施的破壞和加固施工對環境的破壞，而這些不確定因素直接反應了項目風險的所在。經過第三章中對於風險的評估后，明確了建設工程項目中地震—環境風險的損失與控制的重要性和必要性，並且得到了對不確定因素的估計。基於以上的結果，考慮到風險的模糊隨機不確定因素，可以用模型（6-11）來對問題實例進行控制決策建模，並提出了一種新穎的方法將模型中的模糊隨機變量轉化為類似於梯形模糊數的模糊變量，進而得到風險的損失偏好，選用參數 $\delta=0.2$，$\eta=0.6$。同時對變化而來的二層多目標模糊規劃，參照文獻給出求解的方法，為后面的算法設計提供依據。最后利用提出的基於分解逼近的 AGLNPSO 可以求解這個項目實例，得到以風險損失偏好值最小化為準則的決策方案，為具體的實施提供指導。

用以上給出的項目實例數據，使用 MATLAB 7.0 在 Inter 處理器 2，2.00 赫茲和 2G 內存性能的計算機下對基於分解逼近的 AGLNPSO 進行編程運算。算法參數選用閾值 $\varepsilon=0.9$，$swarm\_size S=20$，$iteration\_max T=100$，$inertiaweight\_max \omega^{max}=0.9$，$inertiaweight\_min \omega^{min}=0.1$。粒子個人、全局、局部和鄰近最優的加速常量為 $c_p=0.5$、$c_g=0.5$、$c_l=0.2$、$c_n=0.1$。

在經過8代的分解逼近后，程序的分解終止條件到達，也就是 Pareto 最優解逼近且趨於穩定。在總共運行了10次的情況下，平均用時36分鐘，這個時間是可以接受的。表7.8是上層規劃計算結果。Pareto 最優解即為各通路的加固決策結果，由於計算所得的 Pareto 最優解較多，共25個，所以在這裡只列出了其中的10個。表7.9描述的是對應於上層規劃而來的下層規劃的解，即為各運輸路徑的流量。需

要說明的是對所有的 Pareto 最優解，下層規劃的決策結果是一樣的。這說明上層規劃的決策對於下層規劃的影響主要體現在其目標函數上。也就是說下層的決策者運輸經理在上層加固決策的影響下，尋求最優的流量控制策略，而這個策略雖然不受加固決策的影響而改變，但是策略最后得到的目標值即為地震破壞的損失卻會隨著加固決策的變化而變化。加固的等級越高，相應的成本也就越高，但損失值也就越低。因此下層雖然希望加固增強，以減少損失，但作為上層綜合考慮成本和損失的項目經理，需要平衡這樣一個矛盾。項目經理可以根據需要選擇決策方案，並據此展開具體的風險損失控制實施。如果他覺得加固和環境成本 C 更為重要，就選擇相應最小的方案，反之則選擇令地震損失最小的方案。

表 7.8　　　　　　　　　　上層規劃的 Pareto 最優解

解 u_a		1^*	2^*	3^*	4^*	5^*	6^*	7^*	8^*	9^*	10^*	……
通路 a	1	3	3	3	3	4	4	2	1	3	3	……
	2	4	3	4	3	4	4	1	5	2	4	……
	3	2	4	2	3	2	1	2	1	5	2	……
	4	2	2	3	5	1	3	3	1	3	……
	5	4	3	3	1	4	4	1	5	3	4	……
	6	3	4	3	3	5	2	5	3	3	3	……
	7	4	3	3	3	3	5	1	3	3	3	……
	8	2	3	2	3	1	1	3	4	3	3	……
	9	3	4	3	2	5	1	2	4	4	3	……
	10	3	3	3	2	3	3	4	1	3	2	……
	11	2	2	2	2	3	3	2	1	1	2	……
	12	3	3	3	4	2	2	3	4	2	4	……
	13	3	3	3	1	5	3	4	4	2	3	……
	14	4	3	4	1	1	5	3	2	3	3	……
	15	2	2	1	1	2	2	2	1	3	2	……
	16	3	2	3	3	3	3	4	1	3	……
	17	3	2	2	2	2	4	3	2	2	3	……
	18	3	2	3	3	3	4	4	1	1	3	……

表7.8(續)

解 u_a		1*	2*	3*	4*	5*	6*	7*	8*	9*	10*	……
	19	3	3	2	5	1	2	5	1	3	2	……
	20	2	3	2	2	2	2	2	2	2	3	……
	21	2	4	2	5	1	1	4	3	5	4	……
	22	3	3	2	5	4	1	4	3	4	2	……
	23	2	3	2	5	2	1	2	2	3	2	……
	24	2	2	3	4	1	2	3	4	2	2	……
	25	3	2	3	2	3	3	1	3	2	3	……
	26	2	2	2	3	1	1	3	1	1	2	……
	27	4	3	4	1	3	4	3	3	2	3	……
	28	3	2	3	3	3	5	2	3	1	3	……
	29	4	4	4	5	4	5	2	5	3	4	……

表 7.9　　　　　　　　　　下層規劃的最優解

運輸路徑 k	1′	2′	3′	4′	5′	6′	7′	8′	9′	10′	11′	12′
運輸路徑流量 $x_k(n/h)$	25.50	25.50	12.00	12.00	12.50	12.50	8.00	8.00	9.00	9.00	7.50	7.50

三、問題的結果分析

為了說明方法的可行性、科學性、先進性和有效性，對問題的結果進行了分析。

1. 方法的價值

通過建設工程項目中地震—環境風險的識別、評估和決策建模，可以為項目經理和運輸經理提供以追求損失偏好值最小化為目標的決策方案，通過對交通網路實施的加固和從作業工序的角度來預防控制損失，未雨綢繆，從而可以有效地控制風險。二層規劃的決策結構將建設工程項目中地震和環境這一對密不可分的風險結合在一起討論，追求多個損失目標的控制，更能夠反應現實中的實際情況。用模糊隨機變量來描述地震對交通設施的破壞以及施工對環境的破壞，全面考慮了不確定的情況，能夠為風險的有效預防提供更為準確的風險信息。相較於現有的一些研究，

選用的方法能為實際工作者提供更為理性的選擇。同時，通過多目標方法得到的 Pareto 最優解集，使得決策者能夠基於需要選擇更為有效可行的方案。因此，研究和所提出的方法是有一定價值和意義的。

2. 算法有效性

文中使用的基於分解逼近的 AGLNPSO 算法，在粒子表達上很好地反應了實際問題的解，並且通過複合的粒子更新機制，能夠成功地加強粒子的搜索能力，由此可以擴大解的搜索空間，增加其多樣性。同時，分解逼近的辦法也能有效地解決二層多目標模糊規劃的求解問題。圖 7.5 為案例的 Pareto 最優解迭代過程。

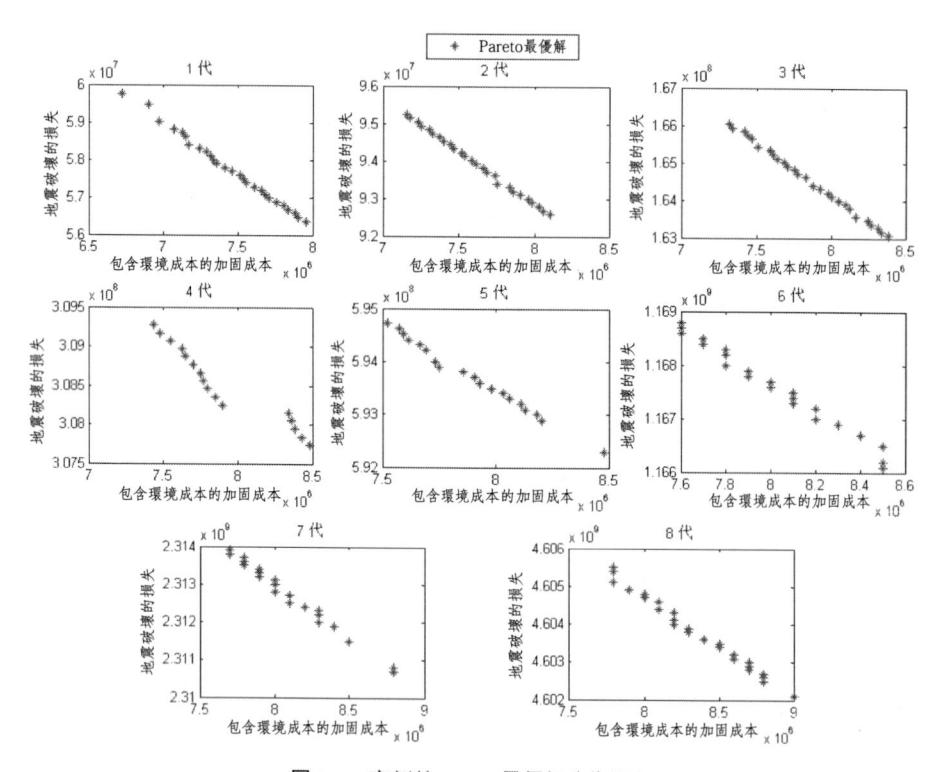

圖 7.5 實例的 Pareto 最優解迭代過程

從圖 7.5 中，可以看到問題實例在 8 次分解逼近中 Pareto 最優解的分佈情況。由於多目標問題的解要比一般的單目標問題重複，所以根據文獻，選用了三個評價多目標問題 Pareto 最優解的指標：平均距離、分佈和範圍。表 7.10 給出了在程序運行 10 次后，Pareto 最優解在各項評價指標上的平均值。

表 7.10　　　　　　　　　　　Pareto 最優解的評價指標

分解代數	解的個數	平均距離	分佈	範圍	收斂條件（ϖ）
1	27	0.081,2	0.562,3	5.008,8	—
2	26	0.063,0	0.461,5	5.770,6	代 1-2：0.561,0
3	24	0.136,4	0.860,0	6.859,4	代 2-3：0.676,5
4	22	0.122,3	0.525,0	6.314,7	代 3-4：0.763,2
5	26	0.150,2	0.682,0	6.753,8	代 4-5：0.875,0
6	24	0.283,5	0.960,0	6.641,7	代 5-6：0.857,1
7	19	0.097,3	0.528,9	5.445,1	代 6-7：0.571,2
8	25	0.130,2	0.863,5	6.642,4	代 7-8：0.914,3

3. 管理舉措實施

面對地震可能造成的破壞，對於溪洛渡水電站交通網路設施的加固是非常必要的，同時建設施工又可能會給環境造成影響。在這些風險的威脅下，通過對其地震和環境風險的識別、評估和控制建模，以風險損失偏好值最小化為準則，可以得到交通網路設施加固和流量安排的決策方案。據此可以提出風險損失控制的具體措施以指導項目的實際實施。由於本書的討論是基於對風險主要不確定性因素的估計，所以，這是在項目實施前，也就是說在風險事件可能出現前，事先採取相應的辦法來減緩風險、降低損失的方法。這是屬於風險損失控制中的損前預防手段。根據項目實例的決策結果，可以給出如下的實施和管理建議：

（1）項目經理根據需要和偏好選擇 Pareto 最優解集中的交通網路設施加固方案。如果他覺得成本更為重要，就選擇成本最小的方案，反之則選擇損失最小的方案。

（2）運輸經理確定流量控制的方案，並明確相應的地震破壞損失值。

（3）將決定的交通網路設施加固和流量控制方案規範化，形成實施計劃，組織專門的計劃人員來負責計劃的執行。

（4）由計劃人員、項目經理、運輸經理共同協商制定有關的管理制度，使計劃的執行制度化。

（5）根據執行時間、執行部門和執行人員將計劃進行細分，做到工作細分並落

實到人頭。

（6）組織相關人員進行計劃實施的教育，明確工作任務和風險損失預防的重要性。

（7）定期進行計劃實施的檢查，監督實施的過程，及時發現問題，及時控制和補救。

（8）由於加固的實施需要增加建設工程項目的工程量，因此項目經理必須落實經費和人員，以保證相關工作的正常開展，協調加固與主建工程的關係，不得影響主工程的進度。

（9）除了按照計劃執行加固施工，合理控制環境成本外，根據對環境成本的作業成本分析，明確各產出（永久和臨時通路的加固）以及各作業中產生的成本，有針對性地控制損失。

以上是根據風險損失預防的方法，基於問題實例的決策結果，分別從人類行為和規章制度的角度出發，提出的針對建設工程項目地震和環境風險進行損失控制的管理建議和實施措施。管理和實施的重點在於將可行的決策方案轉化為可具體操作的實施計劃，並且從制度、人員、教育等方面全面推進計劃的執行，其中的關鍵在於計劃的落實與監控。

第八章　某震后重建房地產項目風險損失控制
——綜合方法

[震后重建房地產項目開發的最終目的在於通過建設、營運或銷售獲利，包括社會及經濟效益，能否激發客戶的消費慾望以及維繫良好的客戶關係至關重要。現實中，客戶的流動性必然帶來可能的風險損失。]

——客戶隨機流失機制亟需綜合風控方法的應用

第一節　項目問題概述

震后重建房地產項目既考慮追求公共效益，又同時追求經濟利益，這就需要從客戶和公司角度來求得收益的最大化。由於特殊的地理特點和地域性，客戶的流失也是不容忽視的，並且在一定程度上還需考慮隨機的流動性。

20世紀90年代以來出現的客戶關係管理（Customer Relationship Management，CRM）已成為營銷學術界和企業界研究的持續熱點，掀起了一個又一個的學術熱潮。這方面的研究成果及應用層出不窮，已擴展延伸到諸如建設項目營運中。迄今為止，客戶關係管理的研究共有三個不同的研究側面：以客戶感知價值為核心、以客戶價值為核心、以客戶感知價值和客戶價值全壽命週期互為核心（這裡稱作客戶價值交互研究）。以客戶感知價值為核心的CRM研究成果頗豐，如何理解和迎合客戶需求是這一領域研究的重點。以客戶價值為核心的CRM也取得了進展，客戶全生命週期價值（CLV）的計算是此研究的核心。以客戶價值交互為核心的動態客戶關係管理（DCRM）研究最為缺乏，目前的研究主要是針對直郵行業，客戶及公司的雙贏是研

究的核心。當然，在當下公司廣泛考慮發展客戶關係的前提形式下，有效的客戶關係管理是實現這一前提的有效技術和方法，特別是房地產開發項目（尤其有著特殊意義的震后重建項目）值得在這方面進行深入研究和探討。

這其中，關鍵的問題是對流失客戶的挽救成本，也稱為流失客戶挽救成本。它是指為了挽救流失客戶而發生的挽救費用，包括購買禮品費用、溝通費、人工費等。作為一項市場行為，挽救客戶需要理性。因為有些挽救可能會成功，有些則不一定會成功；有些挽救是有價值的，有些則沒有價值。

而另一關鍵問題是，帶有挽救成本的動態客戶關係管理，指通過動態客戶關係管理，獲取客戶，識別有價值的客戶並通過客戶的交易數據對其實施相應的營銷組合策略來維持客戶，最終達到公司（房地產公司）與客戶利益都最大化的過程，是以客戶價值交互研究（客戶感知價值和客戶全生命週期價值）為討論的核心。在考慮客戶價值交互研究（客戶感知價值和客戶全生命週期價值）為首要指標的基礎上，以挽救成本要小於因挽救而增加的客戶帶給公司的收益為決策準則來確定挽救成本的上限。客戶全生命週期價值是衡量客戶價值的首要指標，已被用於多種場合，但考慮要確定挽救成本的則較少。而綜合考慮客戶交互價值研究和挽救成本的就更加鮮見。一旦被確認為要挽救的客戶，接下來就要確定挽救成本的上限。因為，為挽救流失客戶所花費的成本將直接減少該客戶所帶給公司的收益，因此應盡量減少挽救成本。

在此基礎上，本章綜合已有的關於動態客戶關係管理和流失客戶挽救成本的研究成果，提出了適用於震后重建的房地產開發項目。研究帶有挽救成本的動態客戶關係管理，並且應用隨機博弈及動態規劃的相關理論進行討論，從而建立針對帶有挽救成本的動態客戶關係管理的兩階段模型，並且針對模型的求解，提出了基於遺傳算法（GA）的綜合算法。

第二節　風險損失控制模型建立

一、動態客戶關係管理模型

1. 模型描述

動態客戶關係管理的內涵：所謂「動態」，是指公司與客戶在決策時不但應考慮當期的利益，還必須考慮當期決策對未來的影響，反應出公司與客戶「向前看的」的動態特性。對動態客戶關係管理建模時，要兼顧公司及客戶雙方的利益，以達到「雙贏」的目的，而不只是考慮客戶或公司單方面的利益。這樣，可以比照文獻中對直接郵寄行業類似問題的處理，將 DCRM 問題轉化成公司與客戶之間的隨機博弈問題。在每一個時期公司給每個狀態的客戶選擇營銷組合策略（定價、溝通、促銷等），而客戶在一個給定的時期決定是否購買，於是就建立了一個多階段重複博弈的框架，如圖 8.1 所示。

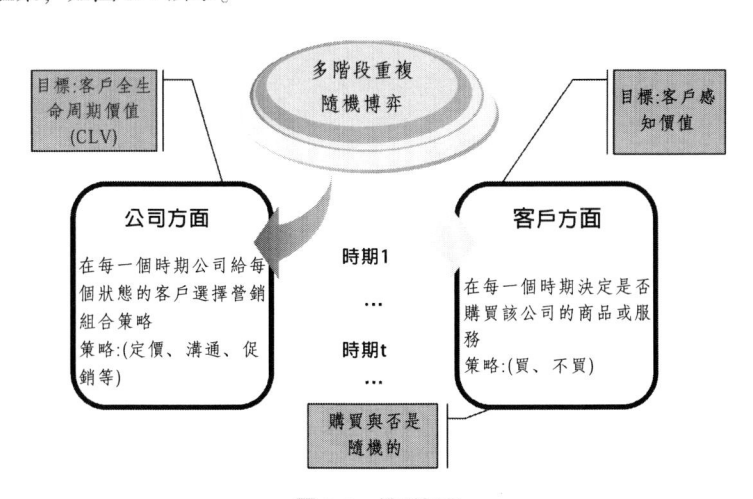

圖 8.1　模型框架

正如圖 8.1 所示，客戶的決策受公司營銷活動的影響，其狀態在每個階段之間進行轉移。從公司的角度來說，客戶的決策，也就是系統的轉移概率是一個隨機變量。

隨機博弈在 DCRM 中的應用：通過以上的分析，DCRM 轉變成在多階段重複隨機博弈的框架下，如何建立公司與客戶的行為模型（以實現各自的目標），及如何對所建立的模型進行求解的問題。在項目問題中，公司和客戶作為博弈的參與者，進行一個具有狀態概率轉移的博弈過程。這個過程由多個博弈階段組成，在每一個階段的開始，博弈均處在某個特定狀態。參與者選擇自身的策略並獲得由當前狀態和策略決定的報酬。然後博弈按照概率的分佈和參與者策略隨機轉移到下一個階段。在新的狀態階段，重複上一次的策略選擇過程，然後博弈繼續進行。參與者在隨機博弈中獲得的全部報酬用各個階段報酬的貼現值來計算。

　　帶挽救成本的 DCRM：計算挽救情況下客戶的 CLV 期望值 $E(V)$。它是挽救成功時該客戶的 CLV 與挽救不成功時該客戶的 CLV 的數學期望值。然後再計算不挽救情況下客戶的 CLV，再比較兩個價值的差額。這一價值的增加是由於挽救行動帶來的。挽救行動本身付出了成本，這個成本不應該超過因挽救而增加的價值。

2. 模型建立

模型目標是使客戶和公司「雙贏」。模型假設條件如下：

（1）客戶與公司之間擁有的信息是完全的。

（2）公司向客戶提供一種產品。

（3）客戶具有購買與不購買兩種策略。

（4）公司的策略有溝通與價格兩方面的考量，其中，溝通具有發信與沒有發信兩種策略，價格主要考慮給予客戶的價格折扣。

（5）客戶選擇購買與否是隨機的。當選擇購買時，其購買總效用（當期效用與當期行為對未來的效用之和）應大於不購買的總效用，也就是說這個事件發生的概率即為客戶選擇購買的概率。

（6）討論的當前客戶已被確定為需要挽救，模型目的是確定挽救成本的上限。

（7）挽救在一週期內即能得到結果。

（8）客戶每次只購買一件產品。

（9）進行購買時，客戶不存在量的選擇，只存在購買與否的選擇。

　　隨機博弈的狀態及轉移：本章的模型建立在多階段重複隨機博弈的框架下，對於隨機博弈而言，最重要的即為確定博弈各階段的狀態及狀態間的轉移。

設定 $S_{it}=(r_{it}, f_{it})$ 作為衡量每個階段狀態的狀態變量，其中我們的討論均為第 t 期，第 i 個客戶。對狀態變量 $S_{it}=(r_{it}, f_{it})$ 而言，其中 r_{it} 和 f_{it} 是描述客戶狀態的變量，分別表示客戶的流失時間和連續購買次數。d_{it} 是客戶的策略，表示購買與否。r_{it} 和 f_{it} 的定義如公式（8-1）所示：

$$r_{i,\,t+1}=\begin{cases}1 & \text{if } d_{it}=1,\\ r_{it}+1 & \text{if } d_{it}=0.\end{cases} \qquad f_{i,\,t+1}=\begin{cases}f_{it}+1 & \text{if } d_{it}=1,\\ 1 & \text{if } d_{it}=0.\end{cases} \qquad (8\text{-}1)$$

f_{it} 變化的含義如圖 8.2 所示。當購買與不購買時，r_{it} 和 f_{it} 分別根據公式（8-1）產生變 r_{it} 化。

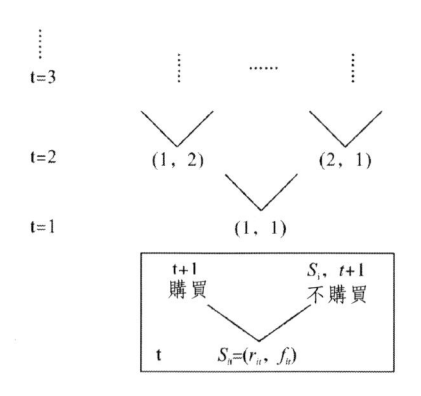

圖 8.2 狀態變量的變化

客戶行為模型：客戶行為的目標為客戶感知價值。可以根據客戶的交易數據利用消費者的效用理論來對其消費狀態進行描述，並採用適當的方法對各種參數進行確定，得出不同狀態空間及不同的營銷組合策略下客戶購買與否的概率。由於 DCRM 是一種動態特性非常明顯的管理過程，在本模型中，動態規劃作為解決隨機動態最優化問題的有效方法於 DCRM 中使用。在模型建立中，參數為待確定的。

為衡量客戶感知價值，首先給出客戶的購買效用函數模型：

$$u_{it}=\alpha+\beta_m m_{it}+\beta_p p_{it}+\beta_{1r} r_{it}+\beta_{2r} r_{it}^2+\beta_f \ln(f_{it}+1)+\varepsilon_{it}=\bar{u}_{it}+\varepsilon_{it} \qquad (8\text{-}2)$$

其中，m_{it} 和 p_{it} 為公司的營銷策略。m_{it} 表示公司對客戶的溝通策略（發信與否），定義如下：

$$m_{it}=\begin{cases}1 & \text{如果 } t \text{ 時刻給客戶 } i \text{ 發信}\\ 0 & \text{否則}\end{cases} \qquad (8\text{-}3)$$

p_{it} 為公司的價格策略,即在第 t 期給第 i 個客戶提供的價格 P_{it} 與原價 P_0 相比的變化率。定義如下:

$$p_{it} = \frac{P_{it} - P_0}{P_0} \tag{8-4}$$

ε_{it} 為隨機誤差項,服從標準正態分佈。α 和 β 為一系列相關項的系數,需利用在局部最優中尋找整體最優的算法來確定。

衡量客戶感知價值,應考慮客戶當期行為對未來的效用之和,即可以從動態規劃的角度來思考。所以第 t 期,第 i 個客戶的感知價值函數定義為:

$$V_{it}(s_{it}) = \begin{cases} \bar{u}_{it} + \delta_c EV_{i,t+1}(s_{i,t+1} \mid d_{it} = 1) + \varepsilon_{it}, & \text{如果 } d_{it} = 1, \\ \delta_c EV_{i,t+1}(s_{i,t+1} \mid d_{it} = 0), & \text{如果 } d_{it} = 0. \end{cases} \tag{8-5}$$

其中,δc 為貼現因子。

客戶購買公司產品的概率,如下所示:

$$\begin{aligned} &Prob_{it}(d_{it}=1 \mid S_{it}, m_{it}, p_{it}) \\ &= Prob_{it}(\bar{u}_{it} + \delta_c EV_{i,t+1}(S_{i,t+1} \mid d_{it}=1) + \varepsilon_{it} > \delta_f EV_{i,t+1}(S_{i,t+1} \mid d_{it}=0)) \\ &= \phi[\bar{u}_{it} + \delta_c(EV_{i,t+1}(S_{i,t+1} \mid d_{it}=1) - EV_{i,t+1}(S_{i,t+1} \mid d_{it}=0))] \end{aligned} \tag{8-6}$$

第 t 期,第 i 個客戶的感知價值函數的期望值如下:

$$\begin{aligned} EV_{it}(s_{it}) &= Prob_{it}(d_{it}=1 \mid S_{it}, m_{it}, p_{it}) \times [\bar{u}_{it} + \delta_c EV_{i,t+1}(S_{i,t+1} \mid d_{it}=1)] \\ &+ Prob_{it}(d_{it}=0 \mid S_{it}, m_{it}, p_{it}) \times \delta_c EV_{i,t+1}(S_{i,t+1} \mid d_{it}=0) \\ &+ \phi[\delta_c(EV_{i,t+1}(S_{i,t+1} \mid d_{it}=0) - EV_{i,t+1}(S_{i,t+1} \mid d_{it}=1)) - \bar{u}_{it}] \end{aligned} \tag{8-7}$$

公司行為模型:公司行為的目標為客戶的全生命週期價值。由於 DCRM 是一種動態特性非常明顯的管理過程,在本模型中,動態規劃作為解決隨機動態最優化問題的有效方法在於 DCRM 中使用。

第 i 個客戶,第 t 期的購買決策為公司帶來的當期利潤為:

$$\pi_{it}(s_{it}, m_{it}, p_{it}) = R(p_{it}) \times Prob_{it}(d_{it}=1 \mid S_{it}, m_{it}, p_{it}) - c \times m_{it} \tag{8-8}$$

其中,c 是發信成本,$R(p_{it})$ 表示公司在採用 p_{it} 價格策略時可獲得的利潤,定義如公式 (8-9) 所示,R_0 為採用原價時相對於成本的毛利率,$r_0 = \dfrac{P_0 - C}{P_0}$,$p_{it} = \dfrac{P_{it} - P_0}{P_0}$。

$$R(p_{it}) = P_{it} - C = P_0 \times (p_{it} + r_0) \qquad (8-9)$$

於是，從動態的角度來看，第 i 個客戶從第 t 期開始為公司創造最大利潤為：

$$\begin{aligned}CLV_{it}(s_{it}) = \max_{m_{it}, p_{it}} &\{\pi_{it}(s_{it}, m_{it}, p_{it})\} \\&+ \delta_f [Prob_{it}(d_{it} = 1 \mid S_{it}, m_{it}, p_{it}) CLV_{i,t+1}(S_{i,t+1} \mid d_{it} = 1)] \\&+ Prob_{it}(d_{it} = 0 \mid S_{it}, m_{it}, p_{it}) CLV_{i,t+1}(S_{i,t+1} \mid d_{it} = 0) \qquad (8-10)\end{aligned}$$

其中，δ_f 是公司的貼現因子。

二、關於均衡的討論

1. 存在性

博弈論的理論指出，在參與者的數量有限並且每個博弈階段可能的狀態數量有限的有限博弈階段的隨機博弈存在馬爾科夫完美納什均衡。

本書的博弈中，參與者只有企業和公司，且在有限博弈階段中，每個博弈階段可能的狀態是可以窮盡的，即狀態數量是有限的。因此，本書中的隨機博弈存在馬爾科夫完美納什均衡。

2. 唯一性

由文獻證明可知，客戶的感知價值函數和公司 CLV 函數均存在唯一的最優解。也就是說，馬爾科夫完美納什均衡是唯一的。

至此，我們先建立起第一階段的模型（即動態客戶關係管理模型）。在這個階段，我們最終可以得到從客戶方面思考的最優收益（即為最優的客戶感知價值）和從公司方面思考的最優收益（即為最優的公司 CLV），並且以這個最優的公司 CLV 作為基礎，進入第二階段的討論，建立挽救成本上限模型（即兩階段模型中的第二階段模型），同時我們還可以得到最優情況下的公司營銷策略組合。

三、挽救成本上限模型討論

作為一項市場行為，挽救客戶需要理性。因為，有些挽救可能會成功，有些則不一定會成功；有些挽救是有價值的，有些則沒有價值。客戶流失挽救模型反應了整個挽救的流程，如圖 8.3 所示。

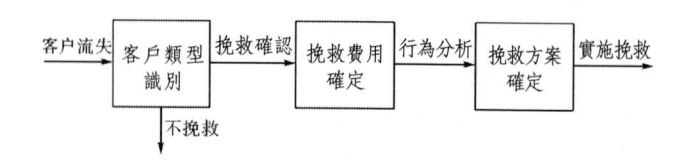

图 8.3　客户流失挽救模型

挽救成本上限计算过程：根据假设，讨论的当前客户已被确定为需要挽救的，接下来就要确定挽救成本的上限。挽救成本上限计算流程如图 8.4 所示。

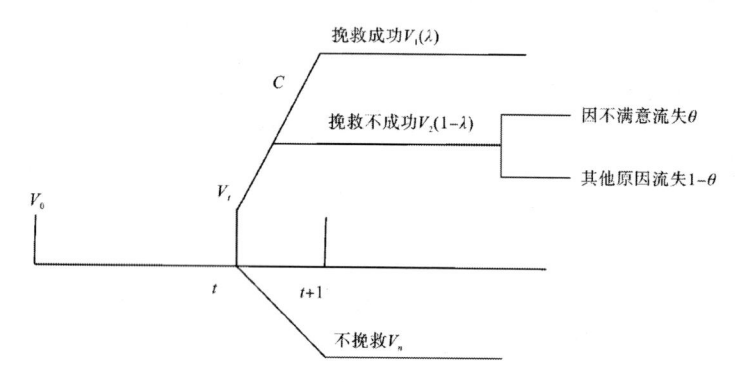

图 8.4　挽救成本上限计算流程

根据上图所示，可以按以下步骤来计算挽救成本的上限。

第一步：计算挽救情况下客户 CLV 的数学期望值 $E(V)$。

首先计算挽救成功时客户的 CLV 值 V_1：

$$V_1 = V_0 - \frac{C}{(1+i)^{t+1}} \tag{8-11}$$

其中，V_0 表示进入两阶段模型第二阶段时，客户 CLV 的初值，即为在第一阶段模型中所得到的最优 CLV 值。

再计算挽救不成功时客户的 CLV 值 V_2：

$$V_2 = \left(V_t - \frac{C}{(1+i)^{t+1}}\right) \times (1-\theta) + \left(V_t - \frac{C}{(1+i)^{t+1}} - r_2 V_0\right) \times \theta$$

$$= (\theta \times r_2 - \varphi(t)) \times V_0 - \frac{C}{(1+i)^{t+1}} \tag{8-12}$$

其中，r_2 为波及成本系统，表明如果顾客挽救不成功是因为不满意时带给其他

顧客的影響，而這個影響是帶來 V_0 的 r_2 倍損失。

最后計算挽救情況下客戶 CLV 值的數學期望值 $E(V)$：

$$E(V) = V_1\lambda + V_2(1-\lambda) = [\lambda - (r_2\theta - \varphi(t))(1-\lambda)]V_0 - \frac{C}{(1+i)^{t+1}} \quad (8-13)$$

第二步：計算不挽救情況下流失客戶的 CLV 值為：

$$V_n = -(r_2\theta - \varphi(t))V_0 \quad (8-14)$$

第三步：確定挽救成本的上限。挽救成為必要的條件就是因為挽救帶來了客戶 CLV 值的增加，所以有 $E(V) - V_n > 0$。考慮到這只是一個最低的限制，而所付出的實際成本應該小於這個差值，即有 $C < E(V) - V_n$，有挽救成本的上限表達式如下：

$$C < \frac{1}{2}[(1-\varphi(t)) + \gamma\theta_2]\lambda V_0(1+i)^{t+1} \quad (8-15)$$

由此，第二階段的模型也就建立了。在第一階段結果的基礎上，根據公式（8-15），我們就能確定流失客戶挽救成本的上限 C。

第三節　求解算法及實現

一、算法實現

為適應本書所建立的兩階段模型，提出基於 GA 的綜合算法。它通過 GA 算法確定出客戶關係管理模型中的待確定參數，再通過設定的收斂標準，從整個的隨機博弈和動態規劃求解思路當中得出最優客戶感知價值和最優 CLV 值及相對應的最優營銷策略組合。算法的思路如下：

第一步，通過觀察到的客戶購買數據作為動態最優化問題的解來進行參數評估，解決消費者效用模型中多參數的評估問題，以確定模型參數，進而求出客戶的購買概率；

第二步，結合 DCRM 的動態特性及客戶與公司之間的隨機博弈過程，採用隨機

博弈的求解辦法；

第三步，給出基於 GA 的綜合算法，解決此重複過程的求解問題。最終求解目標包括最優的客戶感知價值、公司 CLV 值及最優營銷組合策略。

算法的具體過程如附錄程序 8.1 所示。

二、結論

本章中所討論的帶有挽救成本的動態客戶關係管理，是一種首先同時考慮房地產公司及客戶利益以制訂最優營銷組合策略，然後考慮為防止客戶流失所付出挽救成本上限的方法。該問題來源於客戶關係管理的實踐，設計的算法可以方便公司設計有效可行的管理軟件，減輕管理人員不必要的負擔，使管理更加具有可行性。該方法的原理及技術也可以用於諸多行業，尤其是在震后重建房地產項目中，在很多企業都在想方設法保持客戶的情況下，為企業保持住有價值的客戶提供了一種切實可行的方法。

附錄

附錄一：表格

附表 1.1a　建設工程項目隨機工序執行時間

（單位：天）

序號	工序	執行模式	執行時間	偏度系統	峰度系統	K-S 檢驗[a]	均值點估計	標準差點估計	均值假設檢驗[b]	標準差假設檢驗[b]
#1	土方開挖	1	N(6, 9)	0.122	−0.124	0.687	6.27	8.616	0.623	0.350, 7
		2	N(10, 15)	−0.010	−0.306	0.910	10.30	15.183	0.676	0.553, 2
#2	石方開挖	1	N(35, 16)	−0.464	0.479	0.282	34.57	15.909	0.556	0.526, 3
		2	N(38, 24)	0.019	−0.784	0.628	37.60	23.697	0.656	0.635, 4
		3	N(49, 5)	0.270	−0.098	0.878	49.43	5.375	0.314	0.638, 0
#3	澆築基礎混凝土	1	N(23, 22)	0.120	0.947	0.653	23.40	22.317	0.646	0.556, 5
		2	N(31, 14)	0.209	−0.541	0.964	30.53	14.326	0.505	0.569, 7
		3	N(45, 17)	−0.117	0.195	0.981	44.80	16.924	0.792	0.528, 2
#4	澆築上部混凝土	1	N(20, 4)	−0.089	−0.152	0.815	19.57	4.323	0.263	0.650, 5
		2	N(29, 43)	0.507	−0.087	0.829	29.43	42.875	0.720	0.530, 5
#5	澆築下部混凝土	1	N(40, 5)	−0.214	−0.839	0.235	39.93	4.685	0.867	0.437, 6
		2	N(55, 8)	−0.428	−0.127	0.636	55.00	8.276	1.000	0.586, 0
#6	安裝機組，設備支架	1	N(5, 5)	−0.730	0.408	0.618	5.27	5.444	0.536	0.661, 1
		2	N(9, 11)	0.200	−0.518	0.660	8.8	11.062	0.744	0.543, 4
#7	土方回填	1	N(9, 7)	0.129	0.247	0.493	9.47	6.740	0.333	0.478, 0
#8	帷幕灌漿	1	N(9, 7)	0.359	−0.705	0.754	9.37	6.519	0.438	0.428, 0
		2	N(15, 8)	0.066	−0.771	0.939	15.43	18.461	0.585	0.573, 1
#9	敷設管道	1	N(6, 4)	−0.178	0.919	0.720	6.03	4.171	0.929	0.598, 0
		2	N(10, 4)	−0.185	0.294	0.472	9.73	3.857	0.463	0.480, 3
#10	安裝屋架	1	N(5, 8)	0.305	−0.383	0.693	4.73	8.271	0.615	0.585, 2
		2	N(10, 10)	0.284	−0.022	0.621	10.03	9.826	0.954	0.508, 5
		3	N(15, 4)	−0.348	0.184	0.884	14.83	3.799	0.643	0.457, 5

a, b, c 置信水平為 0.05。

附表 1.1b　建設工程項目隨機工序執行時間
（單位：天）||<||||<|||<1

序號	工序	執行模式	執行時間	偏度係數	峰度係數	K-S 檢驗[a]	均值點估計	標準差點估計	均值假設檢驗[b]	標準差假設檢驗[c]
#11	安裝屋面板	1	N(6, 5)	0.509	-0.802	0.232	6.30	4.838	0.461	0.485, 3
		2	N(12, 3)	-0.517	-0.051	0.239	12.43	3.357	0.205	0.699, 8
		3	N(14, 20)	0.142	-0.356	0.859	14.03	19.620	0.967	0.505, 9
#12	安裝牆板	1	N(10, 7)	0.661	-0.168	0.617	9.70	7.114	0.543	0.559, 3
		2	N(11, 4)	-0.185	0.362	0.351	11.47	3.637	0.191	0.349, 2
		3	N(17, 3)	0.088	-0.425	0.472	16.63	2.930	0.250	0.499, 3
#13	屋面施工	1	N(4, 1)	0.283	-0.410	0.193	3.87	1.085	0.489	0.656, 2
		2	N(8, 4)	0.584	0.343	0.834	7.73	3.789	0.459	0.453, 5
#14	電氣安裝	1	N(4, 3)	0.305	-0.789	0.201	4.53	2.602	0.124	0.329, 8
		2	N(9, 3)	0.344	0.422	0.463	9.37	3.482	0.291	0.747, 9
#15	安裝機組	1	N(6, 3)	0.297	-0.536	0.493	5.93	3.237	0.841	0.648, 1
		2	N(15, 5)	0.148	-0.393	0.759	15.3	4.562	0.448	0.399, 2
		3	N(20, 3)	-0.159	-0.267	0.158	19.67	3.333	0.326	0.597, 8
#16	安裝設備	1	N(6, 2)	-0.648	0.406	0.175	5.73	2.409	0.354	0.793, 3
		2	N(6, 2)	0.399	-0.836	0.594	9.40	6.539	0.401	0.674, 2
		3	N(16, 7)	0.000	-0.173	0.660	16.00	6.690	1.000	0.466, 8
		4	N(20, 9)	-0.443	-0.105	0.375	20.00	9.448	1.000	0.607, 9
#17	地面施工	1	N(6, 3)	-0.464	-0.406	0.431	6.33	3.195	0.316	0.629, 3
		2	N(10, 4)	-0.396	-0.625	0.387	9.53	4.120	0.218	0.579, 3
#18	裝修工程	1	N(8, 3)	0.353	-0.370	0.544	8.00	3.172	1.000	0.618, 7
		2	N(11, 3)	0.484	-0.109	0.089	11.27	3.030	0.408	0.549, 9

a、b、c 置信水平為：0.05。

附表 1.2　　　　　　　　　　模糊採購影響因素

序號	材料	單位	購買價格變動	庫存成本變動	運輸成本變動
I	水泥	t	(0.4, 0.9, 1.8)	(0.5, 0.80, 1.2)	(81, 86, 89)
II	鋼材	t	(0.4, 1.1, 1.9)	(0.45, 0.79, 0.95)	(202, 227, 254)
III	油漆	L	(0.2, 1.1, 1.7)	(0.42, 0.61, 0.95)	(1.1, 1.5, 2.1)
IV	橡膠板	kg	(0.4, 1.0, 1.5)	(0.35, 0.69, 0.95)	(2.1, 2.4, 2.9)
V	木材	m^3	(0.3, 1.0, 1.5)	(0.45, 0.59, 0.88)	(1.1, 1.3, 2.1)
VI	砂石料	t	(0.4, 1.1, 1.7)	(0.12, 0.53, 0.66)	(17, 21, 25)
VII	其他材料	m^3	(0.3, 0.8, 1.5)	(0.11, 0.51, 0.9)	(0.2, 0.6, 0.9)

附表 1.3a　　　　　　　　　交通網路的模糊隨機地震破壞

通路	節點	模糊隨機地震破壞
1	#1, #2	$\tilde{\bar{\xi}}_1 = \begin{cases}(0,1,2) & 對應的概率 13.7\% \\ (1,2,3) & 對應的概率 18.9\% \\ (2,3,4) & 對應的概率 25.8\% \\ (3,4,5) & 對應的概率 16.9\% \\ (5,6,7) & 對應的概率 24.7\%\end{cases}$
2	#2, #3	$\tilde{\bar{\xi}}_2 = \begin{cases}(0,1,2) & 對應的概率 7.8\% \\ (1,2,3) & 對應的概率 15.2\% \\ (2,3,4) & 對應的概率 23.4\% \\ (3,4,5) & 對應的概率 29.5\% \\ (5,6,7) & 對應的概率 24.1\%\end{cases}$
3	#1, #5	$\tilde{\bar{\xi}}_3$
4	#2, #5	$\tilde{\bar{\xi}}_4$
5	#2, #6	$\tilde{\bar{\xi}}_5$
6	#3, #4	$\tilde{\bar{\xi}}_6$ = $\begin{cases}(0,1,2) & 對應的概率 11.5\% \\ (1,2,3) & 對應的概率 8.9\% \\ (2,3,4) & 對應的概率 32.8\% \\ (3,4,5) & 對應的概率 27.4\% \\ (5,6,7) & 對應的概率 19.4\%\end{cases}$
7	#4, #6	$\tilde{\bar{\xi}}_7$
8	#6, #7	$\tilde{\bar{\xi}}_8$
9	#5, #7	$\tilde{\bar{\xi}}_9$
10	#6, #8	$\tilde{\bar{\xi}}_{10}$
11	#7, #19	$\tilde{\bar{\xi}}_{11}$
12	#19, #20	$\tilde{\bar{\xi}}_{12} = \begin{cases}(0,1,2) & 對應的概率 8.6\% \\ (1,2,3) & 對應的概率 20.3\% \\ (2,3,4) & 對應的概率 28.6\% \\ (3,4,5) & 對應的概率 21.5\% \\ (5,6,7) & 對應的概率 21.1\%\end{cases}$
13	#10, #11	$\tilde{\bar{\xi}}_{13} = \begin{cases}(0,1,2) & 對應的概率 6.5\% \\ (1,2,3) & 對應的概率 17.2\% \\ (2,3,4) & 對應的概率 13.7\% \\ (3,4,5) & 對應的概率 27.2\% \\ (5,6,7) & 對應的概率 35.4\%\end{cases}$

附表 1.3b　　　　　　　交通網路的模糊隨機地震破壞

通路	節點	模糊隨機地震破壞
14	#1，#5	
15	#12，#14	
16	#14，#16	
17	#9，#14	
18	#11，#13	$\begin{cases}\tilde{\tilde{\xi}}_{14}\\ \tilde{\tilde{\xi}}_{15}\\ \tilde{\tilde{\xi}}_{16}\\ \tilde{\tilde{\xi}}_{17}\\ \tilde{\tilde{\xi}}_{18}\\ \tilde{\tilde{\xi}}_{19}\\ \tilde{\tilde{\xi}}_{20}\\ \tilde{\tilde{\xi}}_{21}\\ \tilde{\tilde{\xi}}_{23}\\ \tilde{\tilde{\xi}}_{25}\end{cases} = \begin{cases}(0,1,2) \text{ 對應的概率 } 12.8\%\\ (1,2,3) \text{ 對應的概率 } 20.3\%\\ (2,3,4) \text{ 對應的概率 } 16.5\%\\ (3,4,5) \text{ 對應的概率 } 31.2\%\\ (5,6,7) \text{ 對應的概率 } 19.2\%\end{cases}$
19	#13，#16	
20	#10，#13	
21	#15，#16	
23	#16，#17	
25	#18，#20	
22	#8，#15	$\tilde{\tilde{\xi}}_{22} = \begin{cases}(0,1,2) \text{ 對應的概率 } 7.4\%\\ (1,2,3) \text{ 對應的概率 } 19.4\%\\ (2,3,4) \text{ 對應的概率 } 21.6\%\\ (3,4,5) \text{ 對應的概率 } 23.8\%\\ (5,6,7) \text{ 對應的概率 } 27.8\%\end{cases}$
24	#17，#18	$\tilde{\tilde{\xi}}_{24} = \begin{cases}(0,1,2) \text{ 對應的概率 } 23.2\%\\ (1,2,3) \text{ 對應的概率 } 9.1\%\\ (2,3,4) \text{ 對應的概率 } 20.8\%\\ (3,4,5) \text{ 對應的概率 } 21.6\%\\ (5,6,7) \text{ 對應的概率 } 25.3\%\end{cases}$
26	#20，#21	
27	#21，#22	$\begin{cases}\tilde{\tilde{\xi}}_{26}\\ \tilde{\tilde{\xi}}_{27}\\ \tilde{\tilde{\xi}}_{29}\end{cases} = \begin{cases}(0,1,2) \text{ 對應的概率 } 16.6\%\\ (1,2,3) \text{ 對應的概率 } 23.2\%\\ (2,3,4) \text{ 對應的概率 } 7.9\%\\ (3,4,5) \text{ 對應的概率 } 30.1\%\\ (5,6,7) \text{ 對應的概率 } 22.2\%\end{cases}$
29	#23，#24	
28	#22，#23	$\tilde{\tilde{\xi}}_{28} = \begin{cases}(0,1,2) \text{ 對應的概率 } 14.7\%\\ (1,2,3) \text{ 對應的概率 } 21.3\%\\ (2,3,4) \text{ 對應的概率 } 10.8\%\\ (3,4,5) \text{ 對應的概率 } 28.1\%\\ (5,6,7) \text{ 對應的概率 } 25.1\%\end{cases}$

附表 1.4　　　　　　　模糊隨機環境破壞

模糊隨機環境破壞	對應的破壞等級
$\tilde{\tilde{\zeta}} = \begin{cases}(0,1,2) \text{ 對應的概率 } 56.9\%\\ (1,2,3) \text{ 對應的概率 } 22.6\%\\ (2,3,4) \text{ 對應的概率 } 9.2\%\\ (3,4,5) \text{ 對應的概率 } 8.2\%\\ (5,6,7) \text{ 對應的概率 } 3.1\%\end{cases}$	Ⅰ Ⅱ Ⅲ Ⅳ Ⅴ

附表 6.1a 資源消耗量

工序號	工序模式	不可更新資源（全部工期的消耗）									可更新資源（單位時間的消耗）									
		I	II	III	IV	V	VI	VII	VIII	IX	X	XI	XII	I	II	III	IV	V	VI	VII
#1	1	736	226	153	123	0	76	0	0	0	0	2.22	0	0	0	0	0	0	0	0
	2	623	185	118	96	0	51	0	0	0	0	1.04	0	0	0	0	0	0	0	0
#2	1	1,765	950	0	0	872	367	0	0	0	0	1.33	0	0	0	0	0	0	0	0
	2	1,630	835	0	0	643	239	0	0	0	0	0.99	0	0	0	0	0	0	0	0
	3	1,276	632	0	0	550	150	0	0	0	0	0.61	0	0	0	0	0	0	0	0
#3	1	1,356	203	0	0	0	132	256	0	0	37.53	3.45	0	1.62	1.82	0	0	0	14.38	0
	2	1,125	184	0	0	0	96	231	0	0	35.15	2.49	0	1.43	1.61	0	0	0	12.57	0
	3	984	144	0	0	0	68	198	0	0	33.75	1.33	0	1.05	1.36	0	0	0	9.35	0
#4	1	1,274	186	0	0	0	166	261	0	0	28.91	4.48	0	1.57	1.78	0	0	0	14.43	0
	2	1,056	163	0	0	0	132	235	0	0	26.12	2.58	0	1.24	1.68	0	0	0	11.06	0
#5	1	2,019	385	0	0	0	302	396	0	0	86.13	3.95	0	2.31	2.67	0	0	0	20.59	0
	2	1,586	253	0	0	0	211	352	0	0	70.12	2.17	0	2.04	2.54	0	0	0	18.61	0
#6	1	2,019	385	0	0	0	302	396	0	0	86.13	3.95	0	1.31	1.57	0	0	0	20.59	0
	2	1,586	253	0	0	0	211	352	0	0	70.12	2.17	0	1.04	1.25	0	0	0	18.61	0
#7	1	256	168	0	53	0	0	0	0	0	0	0.65	0	0	0	0	0	0	0	4.51
#8	1	186	0	0	0	0	0	96	0	0	15.22	2.82	0	0.81	0	0	0	0	7.42	0
	2	166	0	0	0	0	0	82	0	0	12.41	1.65	0	0.62	0	0	0	0	5.98	0
#9	1	165	23	0	0	0	0	0	86	286	0	0.06	0	0	1.18	0	0	0	0	0
	2	132	19	0	0	0	0	0	62	221	0	0.03	0	0	0.79	0	0	0	0	0
#10	1	150	0	0	0	0	23	0	100	321	0	0.71	96	0	0.54	0	0	0	0	0
	2	101	0	0	0	0	16	0	63	231	0	0.27	75	0	0.33	0	0	0	0	0
	3	86	0	0	0	0	10	0	35	164	0	0.08	32	0	0.21	0	0	0	0	0

附表 6.1b

資源消耗量

工序序號	工序模式	不可更新資源（全部工期的消耗）									可更新資源（單位時間的消耗）						
		I	II	III	IV	V	VI	VII	VIII	IX	X	XI	XII	I	II	III	IV	V	VI	VII
#11	1	102	0	0	0	0	0	0	0	0	0	0.41	65	0	0	0	164	12	0	0
	2	85	0	0	0	0	0	0	0	0	0	0.15	33	0	0	0	86	8	0	0
	3	42	0	0	0	0	0	0	0	0	0	0.05	18	0	0	0	42	6	0	0
#12	1	186	0	0	0	0	0	0	0	0	0	0.14	36	0	0	0	8	201	0	0
	2	162	0	0	0	0	0	0	0	0	0	0.07	21	0	0	0	5	188	0	0
	3	132	0	0	0	0	0	0	0	0	0	0.03	14	0	0	0	3	135	0	0
#13	1	86	0	0	0	0	0	0	0	0	0	0	0	0	0	297	0	0	0	0
	2	52	0	0	0	0	0	0	0	0	0	0	0	0	0	189	0	0	0	0
#14	1	45	0	0	0	0	0	0	0	0	0	0	0	0	0	0	0	0	0	0
	2	23	0	0	0	0	0	0	0	0	0	0	0	0	0	0	0	0	0	0
#15	1	185	156	0	0	0	86	0	0	0	0	1.00	0	0	0	0	0	0	0	0
	2	151	132	0	0	0	51	0	0	0	0	0.31	0	0	0	0	0	0	0	0
	3	121	100	0	0	0	32	0	0	0	0	0.17	0	0	0	0	0	0	0	0
#16	1	175	165	0	0	0	64	0	0	0	0	0.95	0	0	0	0	0	0	0	0
	2	132	141	0	0	0	35	0	0	0	0	0.44	0	0	0	0	0	0	0	0
	3	102	113	0	0	0	21	0	0	0	0	0.22	0	0	0	0	0	0	0	0
	4	96	104	0	0	0	12	0	0	0	0	0.15	0	0	0	56	0	0	0	0
#17	1	174	0	0	0	0	0	0	0	0	0	0	0	0	0	11	0	0	0	0
	2	142	0	0	0	0	0	0	0	0	0	0	54	0	0	53	10	6	0	0
#18	1	321	0	0	0	0	0	0	0	0	0	0	24	0	0	27	5	3	0	0
	2	278	0	0	0	0	0	0	0	0	0	0	0	0	0	0	0	0	0	0
數量限制		8,536	2,012	136	156	656	1,165	993	296	963	165	21.2	316	2	3	300	165	202	25	4.6

154

附表 6.2　　　　　　　　　　材料採購中的相關數據

材料序號	議定價格	折扣比率	期初庫存	期末[d]庫存	懲罰價格	懲罰成本限制	最小購買量	最大購買量	最大庫存	庫存價格
I	334.7	0.85	55	≤75	100	50	70	75	75	40
II	4,685	0.92	71	≤105	1,500	50	99	105	105	300
III	27.6	0.97	0	≤9,000	15	50	1,200	9,000	9,000	40
IV	15.4	0.87	0	≤5,000	8	10	1,500	5,000	5,000	60
V	550	0.89	2,800	≤6,000	250	50	2,500	6,000	6,000	50
VI	77	0.79	700	≤750	40	50	600	750	750	10
VII	25.5	0.9	40	≤135	12	10	130	135	135	5

d：期末庫存不能超過最大庫存限制。

附錄二：定義、定理證明

定義 6.1

【定義 6.1-1】(Ω, A, Pr) 是一個概率空間。定義在 Ω 上的實值函數 ξ 是一個隨機變量，如果滿足如下：

$$\xi^{-1}(B) = \{\omega \in \Omega : \xi(\omega) \in B\} \in A, \quad \forall B \in \mathbf{B}$$

$\mathbf{B}$ 是 $R = (-\infty, +\infty)$ 中 Borel 集的 σ^- 代數，也就是說隨機變量 ξ 是從 (Ω, A, Pr) 到 $(R, \mathbf{B})$ 的測度。應該注意到要求 $\xi^{-1} \in A$ 對所有的 R 中的區間 I，或者半封閉區間 $I = (a, b]$，或者所有區間 $I = (-\infty, b]$，等等。定義在 $(R, \mathbf{B})$ 上的隨機變量 ξ，它所包含的 $\mathbf{B}$ 上的測度 Pr_ξ 由下面的關係所定義：

$$Pr_\xi(B) = Pr\{\xi^{-1}(B)\}, \quad B \in \mathbf{B}$$

Pr_ξ 是 $\mathbf{B}$ 上的概率測度，稱為概率分佈或者 ξ 的分佈。

【定義 6.1-2】ξ 是概率空間 (Ω, A, Pr) 上的連續隨機變量，ξ 的期望值定義如下：

$$E[\xi] = \int_0^{+\infty} Pr\{\xi \geq r\} dr - \int_{-\infty}^0 Pr\{\xi \leq r\} dr$$

另有由密度函數定義的等價形式。

【定義 6.1-3】概率密度函數 $f(x)$ 的隨機變量 ξ 的期望值定義如下：

$$E[\xi] = \int_{-\infty}^{+\infty} xf(x)\,dx$$

關於隨機變量期望值的線性，有如下的引理：

【引理6.1-1】對於有著有限期望值的兩個隨機變量 ξ 和 η，對於任意的數 a 和 b，如下：

$$E[a\xi + b\eta] = aE[\xi] + bE[\eta]$$

【引理6.1-2】對兩個獨立分佈的隨機變量 ξ 和 η，如下：

$$E[\xi\eta] = E[\xi]E[\eta]$$

定義6.2

【定義6.2-1】模糊變量定義為從可能性空間 $(\Theta, P(\Theta), Pos)$ 到實線 R 的函數。

【定義6.2-2】ϑ 是可能性空間 $(\Theta, P(\Theta), Pos)$ 上的模糊變量，ϑ 的期望值定義如下：

$$E^{Me}[\vartheta] = \int_0^{+\infty} Me\{\vartheta \geq r\}\,dr - \int_{-\infty}^0 Me\{\vartheta \leq r\}\,dr$$

定理7.1

【定理7.1】$\tilde{\tilde{\xi}} = \begin{cases} (a_{1L}, a_{1C}, a_{1R}), p_1 \\ \vdots \\ (a_{iL}, a_{iC}, a_{iR}), p_i \\ \vdots \\ (a_{IL}, a_{IC}, a_{IR}), p_I \end{cases}$ 是模糊隨機變量，有著離散隨機分佈，在上邊界、中值、下邊界參數上具有模糊性質的浮動。離散隨機分佈為 $P_\psi(x)$。δ 是任意給定的一個隨機變量的概率水平，η 是任意給定的一個模糊變量的可能性水平，那麼模糊隨機變量可以轉化為 (δ, η) 水平梯形模糊變量。

定理7.1的證明：

首先給出一些模糊隨機變量基本概念。

【定義A.1】給定一個論域 U。如果 $\tilde{A}$ 是 U 上的模糊集，那麼對於 $x \in U$ 有下式：

$$\mu_{\tilde{A}}: U \to [0,1], x \to \mu_{\tilde{A}}(x)$$

μ_A 被稱之為 x 對於 $\tilde{A}$ 的隸屬度函數。μ_A 是用區間 $[0,1]$ 中的值，來表示 U 中每個元素 x 屬於 $\tilde{A}$ 的程度。這樣的模糊集 $\tilde{A}$ 可以描述為：

$$\tilde{A} = \{(x, \mu_A(x)) \mid x \in U\}$$

【定義 A.2】有論域 U。$\tilde{A}$ 是定義在 U 上的模糊集。如果 α 是任意給定的一個可能性水平且 $0 \leq \alpha \leq 1$，那麼 $\tilde{A}_\alpha$ 包含有模糊集 $\tilde{A}$ 中，所有隸屬度值 $\geq \alpha$ 的元素，如下所示：

$$\tilde{A}_\alpha = \{x \in U \mid \mu_A(x) \geq \alpha\}$$

這時，$\tilde{A}_\alpha$ 被稱之為模糊集 $\tilde{A}$ 的 α 水平截集。

【定義 A.3】有非空集 Θ，$P(\Theta)$ 是 Θ 的強集。對於每個 $A \subseteq P(\Theta)$，有非負數 $Pos\{A\}$ 稱之為它的可能性。

1. $Pos(\varphi) = 0$ 和 $Pos(\Theta) = 1$。

2. 對 $P(\Theta)$ 中的任意積集的 $\{A_k\}$，有 $Pos(\cup_k A_k) = \sup_k Pos(A_k)$。

$(\Theta, P(\Theta), Pos)$ 稱之為可能性空間，函數 Pos 為可能性測度。

【定義 A.4】模糊變量定義為一個從可能性空間 $(\Theta, P(\Theta), Pos)$ 到實數 $\mathbb{R}$ 的函數。

【定義 A.5】在給定的概率空間 (Ω, A, Pr) 中，如果對所有的 $\alpha \in [0,1]$ 和 $\omega \in \Omega$ 有下面所述：

實值映射 $\inf \tilde{\xi}_\alpha : \Omega \to \mathbb{R}$ 滿足 $\inf \tilde{\xi}_\alpha(\omega) = \inf (\tilde{\xi}(\omega))_\alpha$，同時 $\sup \tilde{\xi}_\alpha : \Omega \to \mathbb{R}$ 滿足 $\sup \tilde{\xi}_\alpha(\omega) = \sup (\tilde{\xi}(\omega))_\alpha$，是實值隨機變量。那麼映射 $\tilde{\xi} : \Omega \to F_c(\mathbb{R})$ 稱為模糊隨機變量。

在上面的定義中，$\mathbb{R}$ 是實數集，$F_c(\mathbb{R})$ 是所有模糊變量的集合，Ω 是一個非空積集，A 是 Ω 的子集，Pr 是概率測度且 $Pr : A \to [0, 1]$。限制在 $\tilde{\xi}$ 上的 α 水平截集可以概況為如下：

$$\tilde{\xi}(\omega) = [\inf (\tilde{\xi}(\omega))_\alpha, \sup (\tilde{\xi}(\omega))_\alpha]$$

【定義 A.6】ε 是一個定義在概率空間 (Ω, A, Pr) 上，有著離散分佈 $P_\varepsilon(x) = P\{x = x_n\}$，$n = 1, 2, \cdots$ 的離散隨機變量。θ 是任意給定的一個概率水平且 $0 \leq \theta \leq \max P_\varepsilon(x)$。$\varepsilon_\theta$ 包含所有這樣的元素，它們對於 ε 的 $P_\varepsilon(x)$ 值 $\geq \theta$，如下：

$$\varepsilon_\theta = \{x \in \mathbb{R} \mid P_\varepsilon(x) \geq \theta\}$$

那麼 ε_θ 稱為隨機變量 ε 的 θ 水平截集。

證明：$\tilde{\tilde{\xi}} = \begin{cases} (a_{1L}, a_{1C}, a_{1R}), p_1 \\ \vdots \\ (a_{iL}, a_{iC}, a_{iR}), p_i \\ \vdots \\ (a_{IL}, a_{IC}, a_{IR}), p_I \end{cases}$ 是模糊隨機變量，有著離散隨機分佈，在上邊

界、中值、下邊界參數上具有模糊性質的浮動。離散隨機分佈為 $P_\psi(x)$。根據定義 A.6，離散隨機變量 ψ 的 δ 水平截集（即為：δ 切）可以表示如下：

$$\psi_\delta = [\psi_\delta^L, \psi_\delta^R] = \{x \in \mathbb{R} \mid P_\psi(x) \geq \delta\}$$

其中，$\psi_\delta^L = \min\{x \in R \mid P_\psi(x) \geq \delta\}$ 和 $\psi_\delta^R = \max\{x \in R \mid P_\psi(x) \geq \delta\}$。這裡的係數 $\delta \in [0, \max P_\psi(x)]$ 反應了決策者優化的態度。這個區間給出了概率水平取值的範圍。

設 $X = \{x_\omega = \psi(\omega) \in \mathbb{R} \mid P_\psi(\psi(\omega)) \geq \delta, \omega \in \Omega\}$，不難證明 $X = [\psi_\delta^L, \psi_\delta^R] = \psi_\delta$，也就是說 $\min X = \psi_\delta^L$, $\max X = \psi_\delta^R$。換句話說，ψ_δ^L 是 ψ 到達概率 δ 的所有取值中的最小值，而 ψ_δ^R 是 ψ 到達概率 δ 的所有取值中的最大值。所以 δ 水平模糊隨機變量 $\tilde{\tilde{\xi}}_\delta$ 可以定義為：

$$\tilde{\tilde{\xi}}_\delta = \begin{cases} \psi_\delta^L = (a_{(\delta, L)}^L, a_{(\delta, C)}^L, a_{(\delta, R)}^L), p_\delta^L \\ \vdots \\ \psi_\delta^R = (a_{(\delta, L)}^R, a_{(\delta, C)}^R, a_{(\delta, R)}^R), p_\delta^R \end{cases}$$

也可以表示為：

$$\tilde{\tilde{\xi}}_\delta = \{\tilde{\xi}_\delta(\omega)\} = (a_{(\delta, L)}(\omega), a_{(\delta, C)}(\omega), a_{(\delta, R)}(\omega))$$

對應的概率為：$\{p(\omega) \mid x_\omega \in X, \omega \in \Omega\}$。

其中，$\tilde{\xi}_\delta(\omega)$ 是模糊變量。變量 $\tilde{\tilde{\xi}}_\delta$ 可以用另一種形式來表達：

$$\tilde{\tilde{\xi}}_\delta = \bigcup_{\omega \in \Omega} \tilde{\xi}_\delta(\omega) = \tilde{\xi}_\delta(\Omega)$$

這裡面，$\tilde{\xi}_\delta(\omega)$ ($\omega \in \Omega$) 是模糊變量。所以模糊隨機變量 $\tilde{\tilde{\xi}}$ 可以轉化為一組模糊變量 $\tilde{\xi}_\delta(\omega)$ ($\omega \in \Omega$)，表示為 $\tilde{\xi}_\delta(\Omega)$。基於模糊變量 η 水平截集（即為 η 切，

參看附錄定義 7.1 的概念）系數 $0 \leq \eta \leq 1$：

$$\tilde{\xi}_{(\delta,\eta)}(\omega) = [\xi^L_{(\delta,\eta)}(\omega), \xi^R_{(\delta,\eta)}(\omega)] = \{x \in U \mid \mu_{\tilde{\xi}_\delta(\omega)}(x) \geq \eta\}$$

那麼 $\tilde{\xi}_\delta(\Omega)$ 的 η 水平截集（或者說 η 切）定義為：

$$\tilde{\xi}_{(\delta,\eta)}(\Omega) = \{\tilde{\xi}_{(\delta,\eta)}(\omega) = [\xi^L_{(\delta,\eta)}(\omega), \xi^R_{(\delta,\eta)}(\omega)] \mid \omega \in \Omega\}$$

這裡，$\xi^L_{(\delta,\eta)}(\omega) = \inf \mu^{-1}_{\tilde{\xi}_\delta(\omega)}(\eta)$，$\xi^R_{(\delta,\eta)}(\omega) = \sup \mu^{-1}_{\tilde{\xi}_\delta(\omega)}(\eta)$，$\omega \in \Omega$ 受模糊隨機變量模糊期望值的啟發，可以得到：

$$a(\delta, L) = \sum_\omega p(\omega) a(\delta, L)(\omega); a(\delta, R) = \sum_\omega p(\omega) a(\delta, R)(\omega)$$

$$\xi^L_{(\delta,\eta)} = \sum_\omega p(\omega) \xi^L_{(\delta,\eta)}(\omega); \xi^R_{(\delta,\eta)} = \sum_\omega p(\omega) \xi^R_{(\delta,\eta)}(\omega)$$

綜上，$\tilde{\bar{\xi}}$ 可以通過 δ 切和 η 切轉化為 $\tilde{\xi}_{(\delta,\eta)}$，如附圖 1.1 所示。

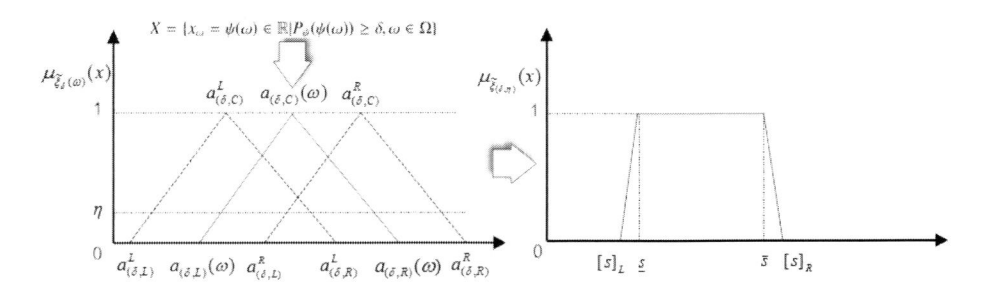

附圖 1.1 模糊隨機變量 $\tilde{\bar{\xi}}$ 向 (δ, η) 水平梯形模糊變量 $\tilde{\bar{\xi}}_{(\delta,\eta)}$ 的轉化過程

其中，$0 \leq \eta \leq 1, \delta \in [0, \max P_\psi(x)]$。設 $a(\delta, L) = [s]_L$，$a(\delta, R) = [s]_R$，$\xi^L_{(\delta,\eta)} = \underline{s}$，$\xi^R_{(\delta,\eta)} = \bar{s}$，那麼 $\tilde{\bar{\xi}}$ 可以轉化為 (δ, η) 水平梯形模糊變量 $\tilde{\xi}_{(\delta,\eta)}$，如下所示：

$$\tilde{\bar{\xi}} \rightarrow \tilde{\xi}_{(\delta,\eta)} = ([s]_L, \underline{s}, \bar{s}, [s]_R)$$

系數 δ 和 η 都反應了決策者的優化態度。所以，隨機模糊變量 $\tilde{\bar{\xi}}$ 可以轉化為梯形模糊變量，其隸屬度函數為：

$$\mu_{\tilde{\bar{\xi}}_{(\delta,\eta)}(x)}$$

$\mu_{\tilde{\bar{\xi}}_{(\delta,\eta)}(x)}$ 在 $x \in [[s]_L, [s]_R]$ 的值可以認為是 1，如下所示：

$$\mu_{\tilde{\xi}(\delta,\eta)}(x) = \begin{cases} 1, \underline{s} \leq x < \bar{s} \\ \dfrac{x - [s]_L}{\underline{s} - [s]_L}, [s]_L \leq x < \underline{s} \\ \dfrac{[s]_R - x}{[s]_R - \bar{s}}, \bar{s} \leq x < [s]_R \\ 0, x < [s]_L, x > [s]_R \end{cases}$$

定理得證。

定義 7.1

【定義 7.1】模糊數 $\tilde{a}$ 是定義在模糊集 $\mathbb{R}$ 上的，它的隸屬度函數 $u_{\tilde{a}}$ 滿足下面的條件。

1. $u_{\tilde{a}}$ 是從 $\mathbb{R}$ 到封閉空間 $[0, 1]$ 的映射。

2. 存在 $x \in \mathbb{R}$ 使得 $\mu_{\tilde{a}}(x) = 1$。

3. 對於 $\lambda \in (0,1)$，由 $[a_\lambda^L, a_\lambda^R]$ 定義的 $a_\lambda = \{x; \mu_{\tilde{a}}(x) \geq \lambda\}$ 是一個封閉區間。

$F(\mathbb{R})$ 是所有模糊數的集合。按照文獻中提出的模糊集分解定理，對每個 $\tilde{a} \in F(\mathbb{R})$ 有：

$$\tilde{a} = \bigcup_{\lambda \in [0,1]} \lambda [a_\lambda^L, a_\lambda^R]$$

附錄三：程序代碼

程序 4.1

1. 染色體編碼

步驟 1：對項目中的每個工序使用編碼程序生成一個隨機優先序號。模型中共有 I 項活動，隨機生成 1~I 條染色體。

步驟 2：對項目中的每個工序使用多級編碼程序生成對應的模式，每個工序的執行模式為 m_i。

2. 染色體解碼

步驟 1：解碼一個可行的工序序列，滿足模型中提出的優先約束。

步驟 2：隨機選擇每個工序的活動模式。

步驟 3：使用上面找到的工序序列和模式創建一個工序進度 S。

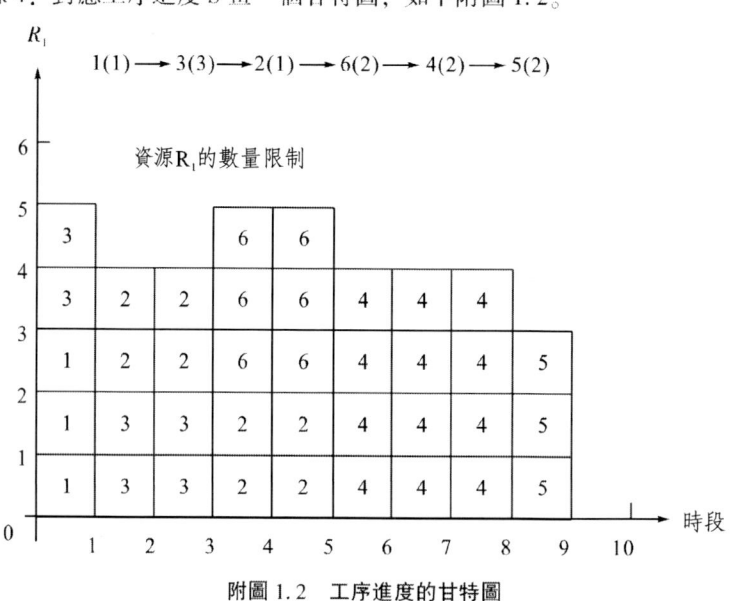

步驟 4：對應工序進度 S 畫一個甘特圖，如下附圖 1.2。

附圖 1.2　工序進度的甘特圖

3. 染色體評價

步驟 1：將隨機變量通過 EVM 轉化為確定的。

步驟 2：通過每個染色體的甘特圖計算目標值 T_{whole}、C_{total}、$F_{resources}$。

步驟 3：綜合三個目標值得到每個染色體的適應值。

$$eval = w_t T'_{whole} + w_c C'_{total} + w_f F'_{resources}$$

4. 染色體迭代

步驟 1：在當前一代選擇一個最優染色體。

步驟 2：最優染色體附近隨機生成新的染色體並達到種群規模（pop_size）。

步驟 3：在群體附近選擇一個最優適應值的染色體。

步驟 4：比較當下最優染色體和附近選擇的最優染色體；選擇更優的，將其放到當前一代中成為最優染色體。

5. 交叉

步驟 1：選擇上代染色體中的一個，並隨機選擇一組位置。

步驟 2：通過複製這些位置到相應的位置中形成子代新染色體的一部分。

步驟 3：同樣，從上代染色體中另選一個，合併形成子代新染色體，如下附圖 1.3。

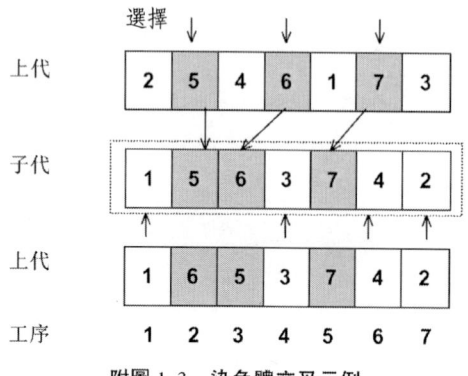

附圖 1.3　染色體交叉示例

6. 變異

步驟 1：從當前染色體隨機選擇一組關鍵基因。

步驟 2：尋找接近的染色體，直到達到工序模式數量的約束。

步驟 3：評價並選擇最好的染色體。

步驟 4：如果選擇的染色體比當前的更好，替換掉，如下附圖 1.4。

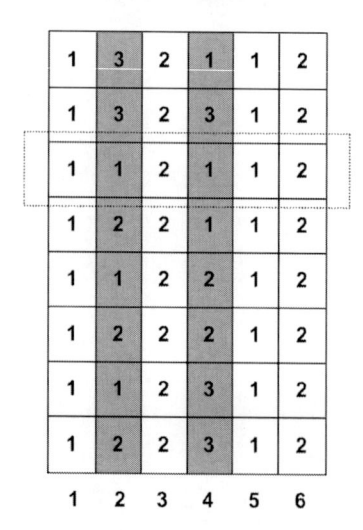

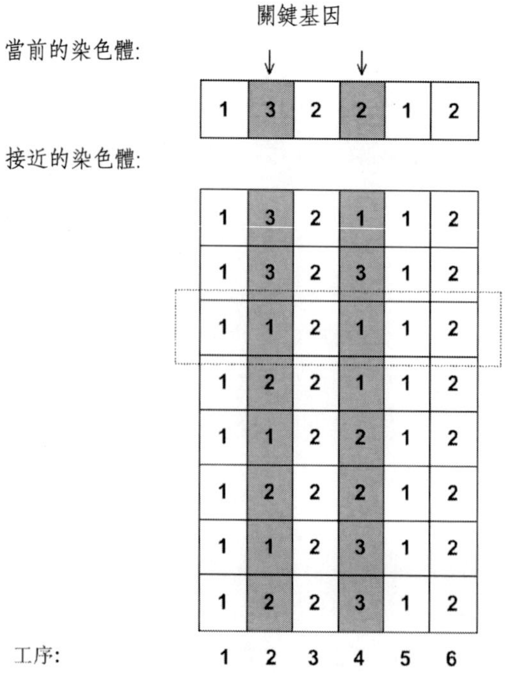

附圖 1.4　染色體變異示例

7. 自適應調節機制

步驟 1：計算父母和當代的后代的平均適應值，分別為 $\overline{f_{par\_size}(t)}$ 和 $\overline{f_{off\_size}(t)}$，$par\_size$ 和 off_size 分別是上下兩代種群規模的約束條件。

步驟 2：根據 $(\overline{f_{par\_size}(t)}/\overline{f_{off\_size}(t)})-1$ 的值，調節交叉和變異的比率。

步驟 3：在下一代中使用新比率。

程序 5.1

1. 編碼

提出的模型在針對 GA 編碼時，計算可能涉及的輸入和輸出數據，分別在總的模糊集中準備就緒。對提出的模型，進行隨機的 GA 編碼。在一個隨機整數範圍內分配模糊集中每一個基因點位的值。所有的基因點位都體現了模糊關係模型。隨機生成的一個模型染色體如附圖 1.5 中所示。

I_{1t}	I_{2t}	I_{3t}	I_{5t}	I_{6t}	I_{7t}	I_{8t}	I_{9t}	O_{1t}
6	8	1	4	3	4	2	6	9

附圖 1.5　染色體圖解

解碼過程：在總的模糊集中選擇每個輸入模糊集，根據基因值和輸出項變量對應的基因位點選擇模糊集。在本章建立的模型裡，使用每個輸入和輸出項變量選擇的模糊集來完成解碼操作。

2. 評價和選擇

在本章中，使用所有維度中確定的最小值作為一條染色體的適應值，將種群染色體中擁有最大的適應值的染色體作為最好的染色體。

使用常規的 GA 隨機遺傳算法選擇方法——輪盤賭法，隨機選擇一條成為母代染色體，應用在 GA 循環中。

3. 遺傳運算元

在本節中，介紹的交叉和變異操作。

（1）交叉

交叉是為了搜索新的解決方案空間和為交叉算子選擇父母之間交換部分的字符串，採用子代和母代的交叉操作，如附圖 1.6 所示。

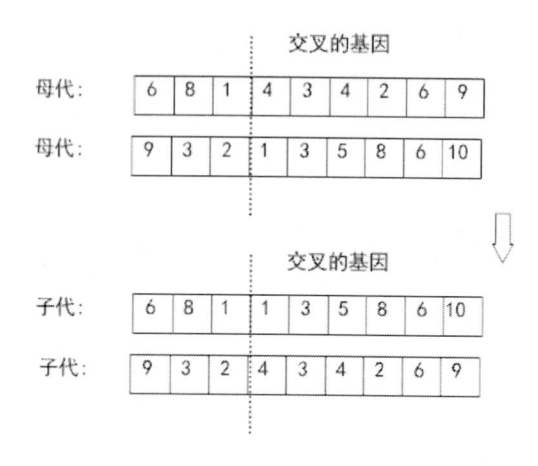

```
            交叉的基因
母代： | 6 | 8 | 1 | 4 | 3 | 4 | 2 | 6 | 9  |

母代： | 9 | 3 | 2 | 1 | 3 | 5 | 8 | 6 | 10 |

            交叉的基因
子代： | 6 | 8 | 1 | 1 | 3 | 5 | 8 | 6 | 10 |

子代： | 9 | 3 | 2 | 4 | 3 | 4 | 2 | 6 | 9  |
```

附圖 1.6 交叉圖解

在這個交叉操作中，隨機選擇基因位點，然后交換這兩個基因位點的母代染色體以改變最終的字符串。最后，生成改變后的子代染色體。

（2）變異

變異是用來防止過早收斂和搜索新的解決方案空間。然而，不像交叉，變異通常是通過修改染色體上的基因來完成的。使用最優參考的變異操作如附圖 1.7 所示。

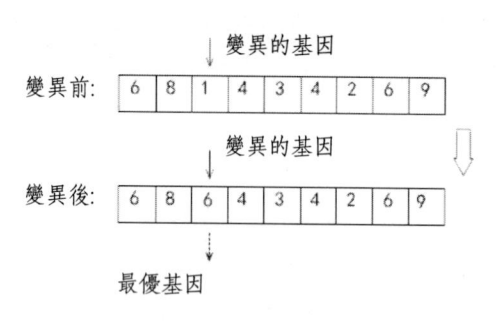

```
                  變異的基因
變異前： | 6 | 8 | 1 | 4 | 3 | 4 | 2 | 6 | 9 |

                  變異的基因
變異後： | 6 | 8 | 6 | 4 | 3 | 4 | 2 | 6 | 9 |

                  最優基因
```

附圖 1.7 變異的圖解

在這個變異操作中，選擇一個隨機的基因位點，並使用現存的最優基因替代這個基因位點的基因。這裡，最優基因是模糊集的輸入或輸出項變量對應的基因點位中值最大的。

4. 自我調節優化和動態更新機制

自我調節優化：選擇一組模糊關係規則計算實際的評估值和預測值之間的誤差。

若誤差為零，然后進入另一個規則，否則，用實際值取代預測的評估值。

動態更新：通過模糊變量關係模型與特定評估值的輸入項變量計算預測輸出項值。如果不能完成上述要求，將這個特定評估值對應的失效模式及其嚴重程度進行評估。因此運用這個過程方法得到一個新的規則和模糊關係，將它添加到目標的模糊關係模型的輸出中。

5. 算法收斂

用 $E_t(error)$ 作為模糊集的誤差，是由於 R_t 作為模糊規則和 RR 作為實際系統的差別所致，公式如下所示：

$$R_t = RR + [F(I_{1t}) \wedge \cdots \wedge F(I_{mt}) \wedge \cdots \wedge F(I_{MT}) \wedge E_t(error)]$$

$E_t(error)$ 反應了 R_t 和 RR 的不一致。當 $error_t \to 0$，$R_t \to RR$，說明預測模型融合到實際的特點。每一個輸出項均可以實現這個操作。

程序 6.1

1. 粒子編碼

步驟 1：初始化 *swarm_group* 個粒子群，各群有 *swarm_size* 個粒子，每個粒子有 I 個維度分別對應於 I 個工序。

步驟 2：設定 *iteration_max* = T。粒子 s^{th} 工序序值位置的慣性必須有所限制，$[\omega_x^{min}, \omega_x^{max}] = [-1, 1]$，而它的工序序值和模式的範圍在 $[\theta_x^{min}, \theta_x^{max}] = [0, 1]$ 和 $[\theta_{m_i}^{min}, \theta_{m_i}^{max}] = [1, m_i]$。分別設定工序序值的個人和全局最優的加速常量 c_p 和 c_g，其在 1th 和 T^{th} 代的慣性權重為 $\omega(1)$ 和 $\omega(T)$。在可行的範圍內，隨機地選擇粒子 s^{th} 工序序值和模式的位置和慣性。

2. 粒子解碼

輸入：$Pre(i)$，$Suc(i)$，$i = 1, 2, \cdots, I$

開始

$\bar{S} \leftarrow \Phi, \bar{s} \leftarrow \{1\}; l \leftarrow 1, t \leftarrow I + 1;$

$while(l \neq t) \, do$

　　$\bar{S} \leftarrow \bar{S} + Suc(l); l^* \leftarrow \arg\max\{\bar{v}(l) \mid l \in \bar{S}\};$

　　$while \, Pre(l^*) \not\subset \bar{s}$

$$l^* \leftarrow \arg\max\{\bar{v}(l) \mid l \in \bar{S}\backslash l^*\}$$

end

$$\bar{S} \leftarrow \bar{S}l^*; \bar{s} \leftarrow \bar{s} + l^*; l \leftarrow l^*;$$

end

結束

輸出：$\bar{s}$

3. 資源約束可行性檢查

步驟1：根據解碼后得到的工序及模式，計算不可更新資源的用量 $\sum_{1}^{I} r_{ij1}^{NON}$，如果 $\sum_{1}^{I} r_{ij1}^{NON} > q_{1}^{NON}$，意味著不可行，反之則可行。

步驟2：若不可更新資源的檢查為不可行則進行第三步，否則進入第六步。

步驟3：根據序值大小選擇最大的工序 $i(i = 1,2,\cdots)$ 和其對應的模式。

步驟4：隨機地從該工序對應的可選模式中選擇更高的模式，計算 $\sum_{i=1}^{I} r_{ij1}^{NON}$。

步驟5：如果 $\sum_{i=1}^{I} r_{ij1}^{NON} \leq q_{1}^{NON}$，將原有模式替換為現在模式，進入第六步，否則返回第四步直到該工序的所有更高的模式都被選擇完，再轉向第三步。

步驟6：根據現有的工序與模式依次檢查余下的可更新資源直到最后的資源都已檢查完畢。

4. 粒子評價

程序：*PAES*

生成一個新的解 c^N

    如果（c 優於 c^N）

        放棄 c^N

    如果（c^N 優於 c）

        用 c^N 替換 c 並將其加入到 Pareto 最優解中

    如果（c^N 被 Pareto 最優解中的任意一個優於）

        放棄 c^N

如果（c^N 優於 Pareto 最優解中的任意一個）

 用 c^N 替換它並將其加入到 Pareto 最優解中

如果以上都不滿足

 對 c、c^N 使用檢查程序來決定哪個作為新的當前解

 以及是否將 c^N 加入到 Pareto 最優解中

直到終止條件出現，不然返回程序的開始

程序：檢查

 如果 Pareto 最優解存儲未滿

  將 c^N 加入到 Pareto 最優解中

 如果（c^N 所在的區域不如 c 密集）

  接受 c^N 新的當前解

 否則

  維持 c

不然，如果（c^N 所在的區域不如 Pareto 最優解中任意一個密集）

 將 c^N 加入到 Pareto 最優解中，並從最密集的區域中移除一個解

 如果（c^N 所在的區域不如 c 密集）

  接受 c^N 新的當前解

 否則

  維持 c

不然

 不將 c^N 加入到 Pareto 最優解中

5. 選擇

步驟1：用 10 除以每個區域中的 Pareto 最優解數。

步驟2：利用輪盤賭選擇一個區域。

步驟3：從區域中隨機選擇一個 Pareto 最優解。

6. 粒子差別更新

步驟1：在 τ 代，更新工序序值的慣性系數如下：

$$\omega(\tau) = \omega(T) + \frac{\tau - T}{1 - T}[\omega(1) - \omega(T)]$$

步驟2：更新粒子 s^{th} 工序序值的慣性和位置，如下所示：

$$\omega_{xsi}(\tau+1) = \omega(\tau)\omega_{xsi}(\tau) + c_p u_r(\psi_{xsi} - \theta_{sh}(\tau)) + c_g u_r(\psi_{xgi} - \theta_{xsi}(\tau))$$

$$\theta_{xsi}(\tau+1) = \theta_{xsi}(\tau) + \omega_{xsi}(\tau+1)$$

如果 $\theta_{xsi}(\tau+1) > \theta_x^{max}$，

那麼 $\theta_{xsi}(\tau+1) = \theta_x^{max} \omega_{xsi}(\tau+1) = 0$；

如果 $\theta_{xsi}(\tau+1) < \theta_x^{max}$，

那麼 $\theta_{xsi}(\tau+1) = \theta_x^{min} \omega_{sh}(\tau+1) = 0$。

步驟3：在 $[-m_i, m_i]$ 間隨機選擇一個數字作為粒子 s^{th} 工序模式的慣性，更新其工序模式的位置如下：

$$\theta_{msi}(\tau+1) = \theta_{msi}(\tau) + \omega_{msi}(\tau+1)$$

程序 7.1

1. 基於分解逼近的 AGLNPSO 算法過程

本章提出的基於分解逼近的 AGLNPSO 算法過程為：

第一步：初始化分解系數 $l=1$，在分解模型（7-13）中使用，設定閾值為 ε。

第二步：等分區間 $[0, 1]$ 為 2^{l-1} 個子區間，得到 $(2^{l-1}+1)$ 個節點 $\lambda_i(i=0,\cdots,2^{l-1})$，即：$0 = \lambda_0 < \lambda_1 < \cdots < \lambda_{2^{l-1}} = 1$。

第三步：用 l 轉化模型（7-12）為模型（7-13）。

第四步：初始化參數：swarm_size、iteration_max、粒子慣性和位置的範圍，個人最優位置、全局最優位置、局部最優位置和鄰近最優位置的加速常量，最大和最小慣性權重。用粒子表示問題的解並初始化它們的位置和慣性。

第五步：解碼粒子可行性檢查。

第六步：用上層規劃的可行解求解下層規劃，得到最優目標值，並計算每個粒子所對應的上層目標值。

第七步：用多目標方法計算 pbest、gbest、lbest 和 nbest，並貯存 Pareto 最優解以及所對應的下層規劃解、上下層規劃各自的目標值。

第八步：更新慣性權重。

第九步：更新各粒子的慣性和位置。

第十步：檢查 AGLNPSO 終止條件，如果條件到達，則得到最優解 $(u, x)_{2l}$，繼續下一步，否則返回第五步繼續。

第十一步：檢查分解終止條件，如果 Pareto 最優解逼近且穩定，那麼得到問題的最后解，否則 $l = l + 1$，返回第三步繼續。

以上步驟可由附圖 1.8 表示。

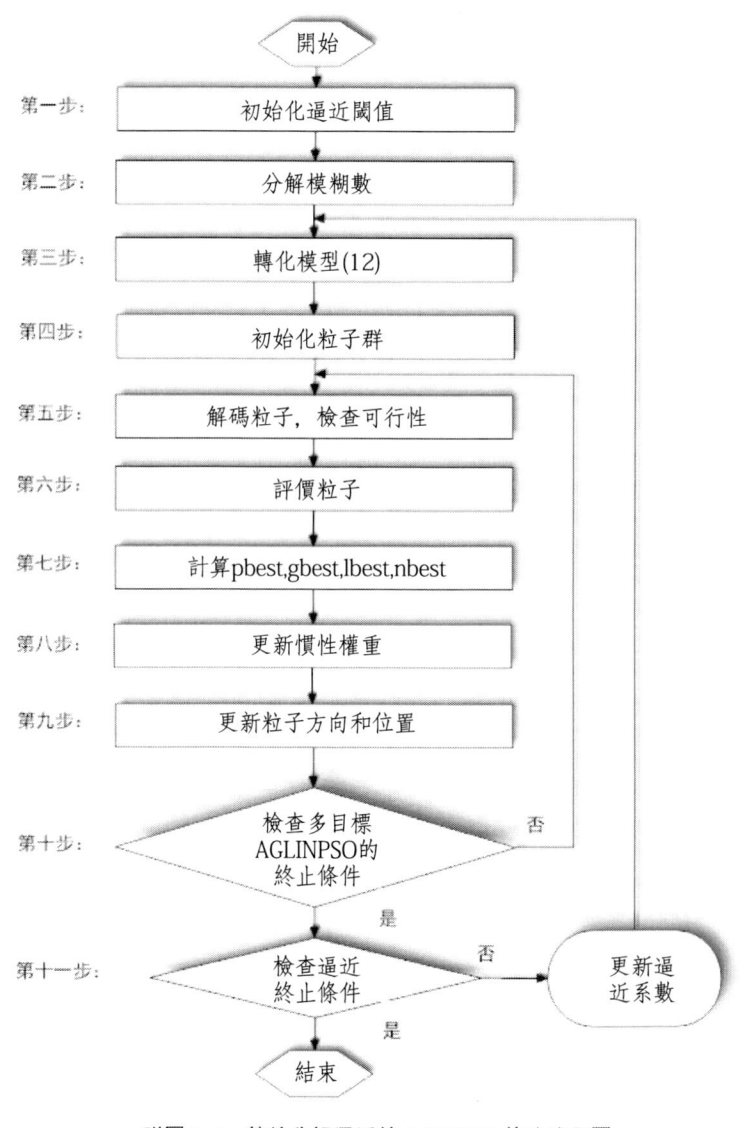

附圖 1.8　基於分解逼近的 AGLNPSO 算法流程圖

這裡，算法收斂的條件為 Pareto 最優解逼近且趨於穩定，可以用 ϖ 來表示。

$$m \in M, n \in N, \chi = 0.$$

如果遍歷 M 對任意的 m 有 $n = m$，$n \in N$　則 $\chi = \chi + 1$。

$$\varpi = \frac{\chi}{|M|}$$

也就是說，如果 $\varpi \geq \varepsilon$，Pareto 最優解逼近且趨於穩定，那麼分解的終止條件就達到了。

2. 粒子表示

粒子形式表示的解 $u_a (a \in A)$，它的維度就是建設工程項目地震-環境風險損失控制中，對交通網路進行加固的決策範圍 $[0,1,2,3,4,5]$。

3. 粒子初始化

初始化 S 個粒子作為一個群體，在範圍 $\{0,1,2,3,4,5\}$ 內隨機產生粒子的位置 Θ_s，同時為每個粒子在範圍 $\{-5,-4,-3,-2,-1,0,1,2,3,4,5\}$ 內隨機產生慣性。設迭代代數 $\tau = 1$，$warm\_sizeS$，$iteration\_max$，以及個人最優位置、全局最優位置、局部最優位置和鄰近最優位置的加速常量 c_p、c_g、c_l 和 c_n，最大、最小慣性權值 ω^{max} 和 ω^{min}。

4. 解碼方法和可行性檢驗

因為需要考慮進行加固的同時是永久的或者關鍵的，所以檢查並調整所有的臨時且非關鍵的通路，使其值為 0。這樣粒子形式表達的解，將它解碼為問題解的過程可以由附圖 1.9 表示。

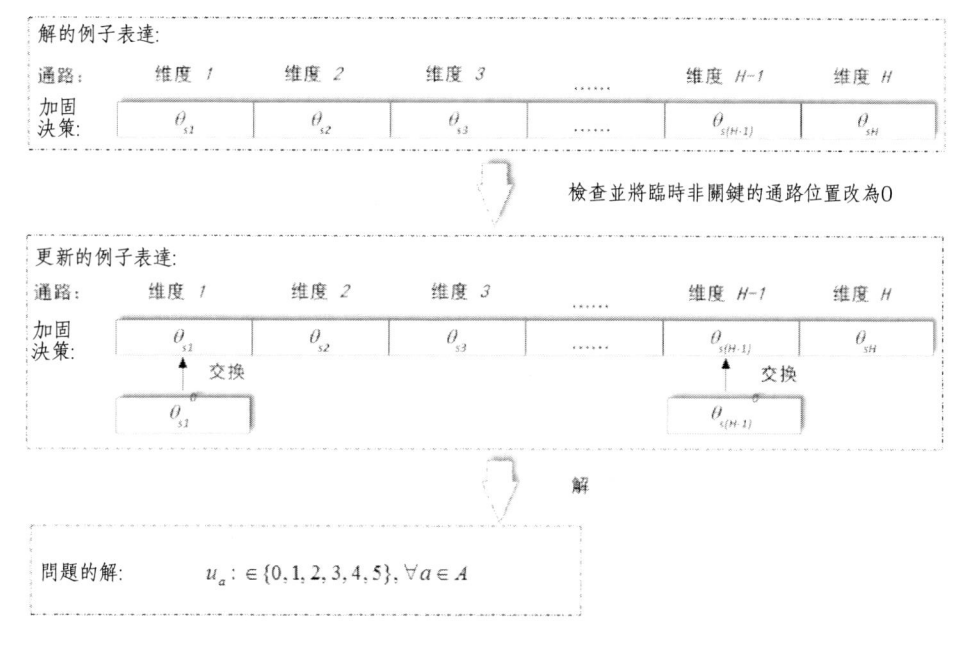

附圖 1.9　解碼為問題解的過程

5. 粒子的評價

對每個粒子 $s=1,\cdots,S$，設定 $\Theta_s(\tau)$ 為解 R_s，也就是說上層規劃的解 $|u|$，帶入上層規劃求得一個目標值 $c(u)$。將 u 帶入到下層規劃中，得到最優解 x 和最優目標 $Q(x)$，由此也就是上層目標的另一個值 $Q(x)$。這裡的上層目標值對應於加固成本和環境成本，也就是損失值。而下層目標值則是地震破壞所帶來的重建成本和交通阻滯成本，同樣是損失值。

6. 多目標方法

多目標方法是由 PAES 程序、檢查程序和選擇程序共同組成的，用來計算 *pbest*、*gbest*、*lbest* 和 *nbest*。這個方法通過建立一個儲存結構來專門存貯優秀的解（即為 Pareto 最優解），同時將這個結構根據各解的值分為若干個方塊。每個方塊都根據其密度（也就是所包含的解的個數）獲得一個評分。對它們的選擇基於輪盤賭的方法，在選出方塊后，再從中隨機地選擇 Pareto 最優解。對於 *pbest*、*gbest*、*lbest* 和 *nbest* 方法都一樣。需要說明的是：

（1）*lbest* 是各個粒子周邊一定範圍內，相鄰的粒子中最優的值；

(2) $nbest$ 的計算是通過設定 $\psi_{sh}^N = \psi_{oh}^N$，最大化 $\dfrac{Z(\Theta_s) - Z(\psi_o)}{\theta_{sh} - \psi_{oh}}$ 而來。

這些程序將詳細的介紹如下，其中 c 是 Pareto 最優解中隨機選出的當前解。

程序：PAES

生成一個新的解 c^N

 如果（c 優於 c^N）

  放棄 c^N

 如果 c^N 優於 c）

  用 c^N 替換 c 並將其加入到 Pareto 最優解中

 如果（c^N 被 Pareto 最優解中的任意一個優於）

  放棄 c^N

 如果（c^N 優於 Pareto 最優解中的任意一個）

  用 c^N 替換它並將其加入到 Pareto 最優解中

 如果以上都不滿足

  對 c、c^N 使用檢查程序來決定哪個作為新的當前解

  以及是否將 c^N 加入到 Pareto 最優解中

直到終止條件出現，不然返回程序的開始

程序：檢查

如果 Pareto 最優解存儲未滿

 將 c^N 加入到 Pareto 最優解中

 如果（c^N 所在的區域不如 c 密集）

  接受 c^N 新的當前解

 否則

  維持 c

不然，如果（c^N 所在的區域不如 Pareto 最優解中任意一個密集）

  將 c^N 加入到 Pareto 最優解中，並從最密集的區域中移除一個解

如果（c^N 所在的區域不如 c 密集）

　　接受 c^N 新的當前解

否則

　　維持 c

不然

　　不將 c^N 加入到 Pareto 最優解中

程序：選擇

（1）用 10 除以每個區域中的 Pareto 最優解數。

（2）利用輪盤賭選擇一個區域。

（3）從區域中隨機選擇一個 Pareto 最優解。

7. 更新慣性權重

更新第 τ^{th} 代的慣性權重，如下：

$$\varpi = \frac{\sum_{s=1}^{S}\sum_{h=1}^{H}|\omega_{sh}|}{S \cdot H}$$

$$\omega^* \begin{cases} \left(1 - \frac{1.8\tau}{T}\right)\omega^{max}, & 0 \leq \tau \leq T/2 \\ \left(0.2 - \frac{0.2\tau}{T}\right)\omega^{max}, & T/2 \leq \tau \leq T \end{cases}$$

$$\Delta\omega = \frac{(\omega^* - \varpi)}{\omega^{max}}(\omega^{max} - \omega^{min})$$

$$\omega = \omega + \Delta\omega$$

$$\omega = \omega^{max}, \text{ if } \omega > \omega^{max}$$

$$\omega = \omega^{min}, \text{ if } \omega > \omega^{min}$$

8. 更新粒子位置和慣性

更新粒子 s^{th} 的位置和慣性，如下：

$$\omega_{sh}(\tau+1) = \omega(\tau)\omega_{sh}(\tau) + c_p u_r(\psi_{sh} - \theta_{sh}(\tau)) + c_g u_r(\psi_{gh} - \theta_{sh}(\tau))$$

$$+ c_l u_r(\psi_{sh}^L - \theta_{sh}(\tau)) + c_n u_r(\psi_{sh}^N - \theta_{sh}(\tau))$$

$$\theta_{sh}(\tau+1) = \theta_{sh}(\tau) + \omega_{sh}(\tau+1)$$

如果 $\theta_{sh}(\tau+1) > \theta^{max}$，那麼定義 $\theta_{sh}(\tau+1) = \theta^{max}$ $\omega_{sh}(\tau+1) = 0$

如果 $\theta_{sh}(\tau+1) > \theta^{min}$，那麼定義 $\theta_{sh}(\tau+1) = \theta^{min}$ $\omega_{sh}(\tau+1) = 0$

程序 8.1

第一步：設定初值。對於所有的狀態變量都設定 $EV_{i,\,t+1}(S_{i,\,t+1})$ 和 $CLV_{i,\,t+1}(S_{i,\,t+1})$ 為 0，設定收斂指標 $\eta > 0$。

第二步：在整個參數空間通過改變參數值來尋求最優值，這裡需採用解決多變量多峰全局最優的算法來進行，GA 算法在這裡是有效的。

第三步：分別計算出客戶 i 在狀態 $S_{it}(r_{it}, f_{it})$ 對公司營銷組合策略 $D_{it}(m_{it}, p_{it})$ 的購買概率 $prob_{it}(d_{it} = 1 | s_{it}, m_{it}, p_{it})$。

第四步：計算客戶 i 在狀態 $S_{it}(r_{it}, f_{it})$ 下的感知價值函數 $V_{it}(S_{it})$。

第五步：計算來自客戶 i 的最大期望 $CLV_{it}(S_{it})$ 及相應的最優營銷策略組合 $D_{it}^{*}(S_{it})$。

第六步：通過計算所得的最優營銷組合策略來計算客戶 i 在狀態 S_{it} 下的期望客戶感知價值 $EV_{it}(S_{it})$。

第七步：終止標準。令 $d_1 = EV_{i,\,t+1} - EV_{it}$ 及 $d_2 = CLV_{i,\,t+1} - CLV_{it}$，如果 $d'_1 d_1 + d'_2 d_2 < \eta$，就停止，否則 $EV_{i,\,t+1} = EV_{it}$，$CLV_{i,\,t+1} = CLV_{it}$，然后回到第二步。

附錄四：符號定義

符號 4.1

1. 指標

i：一個項目中的活動，$i = 1, 2, \cdots, I$

j：模式，$j = 1, 2, \cdots, m_i$（m_i 是活動 i 的模式可能值）

k_r：一個項目中隨機約束下的可更新資源類型，$k_r = 1, 2, \cdots, k_r$

k_d：一個項目中確定約束下的可更新資源類型，$k_d = 1, 2, \cdots, k_d$

t：一個項目中的時期，$t = 1, 2, \cdots, T$

2. 變量

t_{ij}^{F}：活動 i 選擇模式 j 的完成時間

t_i^{EF}：活動 i 的最早完成時間

t_i^{LF}：活動 i 的最遲完成時間

T_{whole}：整個項目持續時間

C_{total}：項目的過早和遞延總成本

$F_{resources}$：項目的資源流

3. 隨機參數

$l_{k_r}^M$：每一時期可更新資源 k_r 的一個已知的隨機最大限制完全獨立分佈常量

c_i：i 的遞延成本，一個已知的完全獨立分佈隨機系數

4. 確定參數

$l_{k_d}^M$：每一時期可更新資源 k_d 的一個已知的確定最大限制不變常量

$Pre(i)$：活動 i 的緊前集合

r_{ijk_r}：隨機限制時執行活動 i 採用模式 j 需要的可更新資源 k_r 數量

r_{ijk_d}：確定限制時執行活動 i 採用模式 j 需要的可更新資源 k_d 數量

p_{ij}：活動 i 選擇模式 j 的處理時間

t_i^E：活動 i 的預計完成時間

5. 決策變量

$$x_{ijt} = \begin{cases} 1, \\ 0, \ other \end{cases}$$

如果活動 i 用時間 t 完成執行模式 j。

決策變量是確定當前活動在此時是否以一定的執行模式的完成時間被安排。

符號 5.1

m：輸入項的索引變量，$m = 1, 2, 3 \cdots, M$

n：輸出項的索引變量，$n = 1, 2, \cdots, N$

t：實際參數 $t = 1, 2, \cdots, T$

k：輸入輸出量的等級，$k = 1, 2, \cdots, K$

s：模糊集合的索引基於輸入和輸出數據的等級，$s = 1, 2, \cdots, S$

a：輸入項的時間延后變量的指數，$a = 1, 2, \cdots, A$

b：輸出項的時間延后變量的指數，$b = 1, 2, \cdots, B$

l：新輸入項的索引變量相關分析，$l = 1, 2, \cdots, L$

e：當不排斥時最鄰近的索引下標值模糊集，$e = 1, 2, \cdots, E$

t'：自動調整的模糊關係規則組的指數，$t' = 1, 2, \cdots, T$

f：工藝過程的指數，$f = 1, 2, \cdots, F$

c：失效的索引模式，$c = 1, 2, \cdots, C$

d：原始因素的指數，$d = 1, 2, \cdots, D$

g：現存操縱測量的指數，$g = 1, 2, \cdots, G$

I_{mt}：在週期為 t 的輸入變量

O_{nt}：在週期為 t 的輸出變量

G_k：k 為輸入和輸出的等級

F_s：s 為基於輸入輸出等級的模糊集

μ_s：模糊集的從屬函數，$s = 1, 2, \cdots, S$

x_{lt}：l 表示在以 t 為週期的相關分析后得到的新的變量

p_{lts}：在模糊集以 t 為週期的新輸入變量 l 的可行性分佈

p_{nts}：在模糊集以 t 為週期的新輸出變量 n 的可行性分佈

$F(I_{mt})$：I_{mt} 的隸屬模糊集

$F(O_{nt})$：O_{nt} 的隸屬模糊集

R_{nt}：使用週期為 t 的模糊關係規則的 n 的輸出變量

R_n：模糊關係規則的 n 的輸出變量的總和（集）

λ_l：新的輸入 x_l 變量最為臨近的模糊集的下標值

$F_{lt\lambda_t}$：新的輸入變量 x_{lt} 最臨近的模糊集

$\overline{Fo_{nt}}$：在 t 為週期內輸出變量 n 隸屬函數的預測值

$\overline{O_{nt}}$：在 t 為週期內輸出變量 n 的預測值

P_n：輸出變量的預測值和實際的平均方差

$error_{nt'}$：n 的輸出變量的針對過程在 t' 的模糊關係規則下真實值與預測值之間的誤差

$E_t(error)$：t 週期內識別誤差的隸屬函數

TP_f：f 的工藝技術

FM_c：c 的失效模型

OF_d：d 的原始因數

EM_g：g 先有的操作方法

符號 6.1

i：工序，$i = 1, 2, \cdots, I$

j：執行模式，$j = 1, 2, \cdots, m_i$（m_i 是工序 i 的執行模式數量）

n：不可更新資源，$n = 1, 2, \cdots, N$

k：可更新資源，$k = 1, 2, \cdots, K$

t^D：項目施工的單位時間，$t^D = 1, 2, \cdots, T^D$

t^M：採購期，$t^M = 1, 2, \cdots, T^M$

T^D：採購單位時間

ξ_{ij}：工序 i 在模式 j 下的隨機執行時間

$Pre(i)$：工序 i 的緊前工序集合

r_{ijn}^{NON}：工序 i 在模式 j 下消耗的不可更新資源 n 的數量

r_{ijk}^{RE}：工序 i 在模式 j 下消耗的可更新資源 k 的數量

q_n^{NON}：不可更新資源 n 的數量限制

q_k^{RE}：可更新資源 k 的數量限制

cn_n^{NON}：不可更新資源 n 的價格

D：項目工期

C：項目成本

P_l：下層規劃

$u_k(\cdot)$：材料 k 的庫存量

qb_k：在各採購期開始前，材料 k 的庫存量

qe_k：在項目工期完成時，材料 k 的庫存量

u_k^{MAX}：材料 k 的庫存限制

$\zeta_k(\cdot)$：材料 k 的隨機需求量

sh_k：如果材料 k 的需求不能滿足時的懲罰價格

SC_k：如果材料 k 的需求不能滿足時的懲罰成本

w_k^L, v_k^L：材料 k 購買量線性系數的下邊界

w_k^U, v_k^U：材料 k 購買量線性系數的上邊界

$l_{k,\,t^M}^{MIN}$：材料 k 在採購期 $(t^M + 1)^{th}$ 的購買量最小值

$l_{k,\,t^M}^{MAX}$：材料 k 在採購期 $(t^M + 1)^{th}$ 的購買量最大值

δ_k：材料 k 在第一個採購期的商定價格

$\widetilde{ra}_k$：材料 k 的模糊價格變動

$\alpha_k(\cdot)$：材料 k 的強制保費

$\beta_k(\cdot)$：材料 k 的轉化系數

r_k：材料 k 在最大購買量時的折扣

$\widetilde{cc}_k(\cdot)$：材料 k 的庫存模糊變動因素

h_k：材料 k 的庫存價格

$\widetilde{ct}_k(\cdot)$：材料 k 從供應商到入庫的模糊運輸價格

X_k：$X_k = (l_k(\cdot),\ u_k(\cdot))$

$\tilde{a}_k$：$\tilde{a}_k = (\widetilde{ra}_k,\ \widetilde{cc}_k(\cdot),\ \widetilde{ct}_k)$

Q_k：材料 k 的最優成本

f_K：材料 k 的成本

f_k^{PC}：材料 k 的購買成本

f_k^{HC}：材料 k 的庫存成本

f_k^{TC}：材料 k 的運輸成本

x_{ijt^D}：1，如果 i 執行模式 j 且計劃完成時間為 t^D；0，其他情況

$l_k(\cdot)$：材料 k 的購買量

符號 6.2

s：粒子度量，$s = 1, 2, \cdots, S$

g：粒子群度量，$g = 1, 2, \cdots, G$

τ：迭代代數度量，$\tau = 1, 2, \cdots, T$

i：維度（即為項目工序）度量，$i = 1, 2, \cdots, I$

$\bar{S}$：待選集

$\bar{s}$：調度集

l：計數器

$Pre(i)$：工序 i 的緊前工序集

$Suc(i)$：工序 i 的緊後工序集

$\bar{v}(i)$：工序 i 的序值

t_i^D：經過可行性檢驗后工序 i 的完成時間

u_r：$[0, 1]$ 區間的隨機數

$w(\tau)$：工序序值在第 τ 代的慣性權重

$w(l)$：工序序值在第 l^{th} 代的慣性權重

$w(T)$：工序序值在第 T^{th} 代的慣性權重

$w_{xsi(\tau)}$：第 τ^{th} 代，粒子 s^{th} 在維度 i^{th} 上工序序值的慣性

$\theta_{xsi}(\tau)$：第 τ^{th} 代，粒子 s^{th} 在維度 i^{th} 上工序序值的位置

$\theta_{msi}(\tau)$：第 τ^{th} 代，粒子 s^{th} 在維度 i^{th} 上工序模式的位置

$\theta_{msi}^H(\tau)$：第 τ^{th} 代，粒子 s^{th} 在維度 i^{th} 上工序模式數更高的位置

ψ_{xsi}：粒子 s^{th} 在維度 i^{th} 上工序序值位置的個人最優值

ψ_{msi}：粒子 s^{th} 在維度 i^{th} 上工序模式位置的個人最優值

ψ_{xgi}：粒子 s^{th} 在維度 i^{th} 上工序序值位置的全局最優值

ψ_{mgi}：粒子 s^{th} 在維度 i^{th} 上工序模式位置的全局最優值

c_p：工序序值位置上個人最優值的加速常量

c_g：工序序值位置上全局最優值的加速常量

ω_x^{min}：工序序值的最小慣性

ω_x^{max}：工序序值的最大慣性

θ_x^{min}：工序序值的最小位置

θ_x^{max}：工序序值的最大位置

$\theta_{mi}^{\min}$：工序序值在維度 i^{th} 上的最小位置

$\theta_{mi}^{\max}$：工序序值在維度 i^{th} 上的最大位置

R_s：粒子 s^{th} 所表示的解集

c：從 Pareto 最優解中隨機選出的當前解

C^N：新生成的解

符號 7.1

a：交通網路中的通路，$a \in A$

b：交通網路中的節點，$b \in B$

v：變動環境成本，$v \in V$

f：固定環境成本，$f \in F$

i：加固施工的產出，$i \in I$

j：加固施工的作業，$j \in J$：

k：運輸路徑，$k \in K$

m_a：永久通路，臨時通路

n_a：關鍵通路，非關鍵通路

c_{va}^p：永久通路變動加固成本的增加值（基於加固等級1）

c_{va}^t：臨時通路變動加固成本的增加值（基於加固等級1）

c_{fi}^p：永久通路固定加固成本的增加值（基於臨時通路）

c_{fi}^t：臨時通路固定加固成本

ρ：環境成本權重

ce_v^p：永久通路變動環境成本的增加值（基於破壞等級1）

ce_v^t：臨時通路變動環境成本的增加值（基於破壞等級1）

pe_{jv}^v：固定環境成本

pe_{jv}^v：作業成本中心 j 在變動環境成本 i 中的比例

i：產出 i 在固定環境成本 ce_j^c 中的比例

ce_j^c：作業成本中心 am_j 的變動環境成本

am_j：作業成本中心 ra_j 成本動因

ra_j：作業成本中心 am_{ij} 成本動因率

am_{ij}：產出 i 在作業成本中心 j 的成本動因量

$\tilde{\varsigma}$：環境的模糊隨機破壞等級

C：加固成本（包含環境成本）

Q：交通運輸的地震破壞損失（考慮加固後）

P_l：下層規劃

$\tilde{\tilde{\xi}}_a$：通路 a 加固前的模糊隨機破壞等級

$\tilde{\tilde{\Xi}}_a$：通路 a 加固后的模糊隨機破壞等級

cr_{va}^p：永久通路變動重建成本的增加值（基於破壞等級 1）

cr_{va}^t：臨時通路變動重建成本的增加值（基於破壞等級 1）

cr_{fi}^p：永久通路固定重建成本的增加值（基於臨時通路）

cr_{fi}^t：臨時通路固定重建成本

γ：時間到貨幣值的轉化系數

ti_a^0：通路 a 在空置時的通過時間

α：BPR 的系數

β：BPR 的系數

fl_a：通路 a 的總流量

ca_a'：通路 a 的實際容量（為設計容量的 90%）

ca_b：階段 b 的容量

W：節點－路徑關聯矩陣

M：通路－路徑關聯矩陣

u_a：$u_a \in \{0,1,2,3,4,5\}$，$\forall a \in A$

x_k：$x_k \geqslant 0$，$\forall k = 1, \cdots, K$

符號 7.2

s：粒子度量，$s = 1, \cdots, S$

τ：迭代代數度量，$\tau = 1, \cdots, T$

h：維度度量，$h = 1, \cdots, H$

u_r：迭代中統一的隨機數 [0，1]

$w(\tau)$：τ^{th} 代中的慣性權重

w^{max}：最大慣性權重

w^{min}：最小慣性權重

$\omega_{sh}(\tau)$：第 τ^{th} 代，粒子 s^{th} 在維度 h^{th} 上的慣性

$\theta_{sh}(\tau)$：第 τ^{th} 代，粒子 s^{th} 在維度 h^{th} 上的位置

$\theta_{sh}^0(\tau)$：第 τ^{th} 代，粒子 s^{th} 在維度 h^{th} 上臨時非關鍵通路的位置

ψ_{sh}：粒子 s^{th} 在維度 h^{th} 上的個人最優位置

ψ_{gh}：粒子 s^{th} 在維度 h^{th} 上的全局最優位置

ψ_{sh}^L：粒子 s^{th} 在維度 h^{th} 上的局部最優位置

ψ_{sh}^N：粒子 s^{th} 在維度 h^{th} 上的鄰近最優位置

c_p：個人最優位置加上常量

c_g：全局最優位置加上常量

c_l：局部最優位置加上常量

c_n：鄰近最優位置加上常量

ω^{max}：最大慣性

ω^{min}：最小慣性

θ^{max}：最大位置

θ^{min}：最小位置

Θ_s：粒子 s^{th} 位置向量 $[\theta_{s1}, \theta_{s2}, \cdots, \theta_{sH}]$

Ω_s：粒子 s^{th} 慣性向量 $[\omega_{s1}, \omega_{s2}, \cdots, \omega_{sH}]$

R_s：粒子 s^{th} 的解集

c：從 Pareto 最優解中隨機選出的當前解

c^N：新生成的解

結　語

　　不確定性自始至終都伴隨著建設工程項目。尤其對於大型的項目而言，繁瑣的過程和重複的組織機構使風險無處不在。在世界範圍內，社會經濟的發展大大推動了「破舊建新」的進度，愈發重複的建設工序和愈加龐大的建設規模，使得建設工程項目越發處於高風險的環境當中，由此造成的損失不計其數。風險的來源是錯綜重複的，使管理者不得不正視風險控制逐漸增加的層出性。嚴峻的風險管理形勢，迫使人們對風險的研究和技術方法的開發越來越成熟。完善的風險管理程序和先進的技術、方法和手段都能為建設工程項目風險損失的控制提供強有力的支持。基於以上的考慮，本書以建設工程項目風險損失控制問題為對象，對問題進行了較為系統和深入的研究，主要從風險損失控制理論、損失控制決策建模、求解算法和項目應用實踐分析等方面開展工作。

　　1. 主要工作

　　從基礎理論、定義、類別和方法等方面系統回顧了風險損失控制。作為風險管理中一種重要的方法，損失控制是「風控」的重要方面。面對風險，人們除了試圖減少風險的發生，避免它帶來的傷害和損失外，最為有效的控制就是對風險的損失進行控制。因為，事實上，很多風險事件的發生都是意外的結果，要想從源頭根除它，往往顯得力不從心，甚至無從下手。而風險避無可避時，與其糾結於它的發生，不如試圖減少它的發生可能帶來的損失。有關損失控制理論百家爭鳴，分別從人為因素、外界物質、系統或多因素詮釋了意外風險事件的發生機制，雖然側重點不同，但均是以降低風險發生的概率和減小損失為目標，通過提出不同的風險控制措施來降低風險對人們所產生的威脅，減少其對社會經濟生活的影響。在這些理論的指導下，明確了損失控制的內容和意義後，選用適合的控制手段，在合適的控制時間，

綜合應用有針對性的控制方法技術來實施控制,才能有效地實現控制目標。風險損失控制系統的理論、有效的手段、全面的方法都會對建設工程項目的風險管理大有裨益。

在回顧風險損失控制理論和建設工程項目風險特性的基礎上,對建設工程項目風險來源進行分析,從不確定性的四種類型出發,運用概率論、數理統計和相關理論,對風險事故發生的規律和若風險事故真的不可避免地發生之後可能造成的損害和影響進行定量分析。按照提出的不確定性估計方法,以應用實例的數據為例,分別對建設工程項目的四種風險的不確定性做出了估計。

完成風險定性和定量的分析之後,在考慮風險控制研究現狀和建設工程項目風險的實際情況的基礎上,分別選用線性規劃、模糊關係模型、二層多目標規劃及隨機博弈等方法對風險的損失控制決策進行建模。然後針對實際問題的需要,提出多種有差別的適用算法來對問題進行求解。最後以建設工程項目的實例來驗證方法的有效性。通過對應用實例的求解,得到風險損失減少或避免的決策方案,項目相關人員可以據此轉化為可具體操作的實施計劃,從制度、人員、教育等方面全面推進計劃的執行,並保證計劃落實與監控。對項目實例進行計算求解和分析結果,並驗證方法的可行性和有效性。

本書在實踐篇的風險損失控制研究中討論到,由於所討論的風險及性質的不同,風險控制的主體也不盡相同,從而在決策結構、風險表示、模型建立和求解算法上存在著差異。因此這五章的工作有著本質上的區別。同時,作為本書的實證研究可以為實際工程人員的風險控制操作提供指導,具有理論和應用的意義和價值。

2. 創新之處

對於研究建設工程項目風險損失控制的問題,本書主要的創新點在於從損失與控制的角度來管理建設工程項目的風險,並且在風險管理一般程序的框架下對風險進行了系統而全面的研究,提出的各類適用的模型方法和求解算法反應了風險控制的實際情況。

一方面,建設工程風險損失控制站在損失控制的角度,從風險的結果出發探尋建設項目工程風險損失的來源和主要影響因素,明確風險結構,並通過以損失期望

值和偏好值最小化為原則的決策過程,得到從風險期望和決策者偏好的角度出發的最優決策結果。從而根據選定的決策結果指導實踐應用者在風險事件發生之前採取損失預防的手段來降低損失、減緩風險。可以說研究中提出的風險損失控制策略豐富了現有的建設工程項目風險管理內容。

另一方面,系統全面風險控制管理遵照風險管理的一般程序,通過風險識別及評估、決策及實施,對風險系統進行分析和討論,遵循了事物發展的規律,能夠實現對建設工程項目風險損失控制問題的全面完整把握。這樣的研究思路和過程對實現建設工程項目風險管理的規範化做出了有益的探索。

3. 綜合運用多種模型方法

針對所討論問題的各異性,運用線性規劃、模糊關係模型、二層多目標規劃及隨機博弈等方法模型,實現建設工程項目多類型風險損失的有效控制。以上研究是對建設工程項目風險損失控制技術方法的探索和豐富。

4. 針對性有效求解算法

面對不同的風險及不確定性的結構,設計具有有效適應性的 GA 算法、(r)a-hGA 算法、IABGA 算法、多粒子群差別更新 PSO 算法以及基於分解逼近的 AGLNPSO 算法。

綜合上面所描述的創新點,本書的研究不但提出了建設工程項目風險管理新的視角,豐富了內容,規範了管理的程序,同時從問題、模型和算法等方面對建設工程項目風險損失控制的技術方法進行了深入的探討。

5. 未來研究

目前,關於建設工程項目風險管理的研究正處於不斷的發展階段,還有很多問題值得進一步的探索和研究。筆者今後的研究將從以下幾個方面繼續展開:

(1) 關注分析更多的建設工程項目風險,同時對於已提出的風險,還要繼續從風險源、風險因素乃至誘發條件等多方面進行更為深入的研究,以進一步完善風險的結構。

（2）除了現有的風險管理過程，還應在研究上對風險的具體實施、監控和反饋等做進一步的擴展，以完善風險管理的程序。

（3）對於可能涉及多個風險決策的情形，例如在調度和採購風險控制的同時，還可能面對經濟環境的變動帶來的風險，如財政政策、稅制和利率等。由此展開來的多層決策的模型設計、風險處理和算法創建等都需要再做深入的研究和討論。

（4）除了損失控制的方法，對於建設工程項目的風險管理，還應考慮從風險轉移、風險自擔和保險等角度出發來探討。

（5）結合實際建設工程項目的具體情況，進一步將理論研究的成果應用到現實的工程實踐中去，以期獲得更好的應用成果。

此外，還需對模型的理論分析做進一步研究，比如：解的存在性、穩定性、最優化條件，還有算法的收斂性、計算速度等。

參考文獻

［1］範道津，陳偉珂. 風險管理理論與工具［M］. 天津：天津大學出版社，2010.

［2］Z. Pawlak. Rough sets：Theoretical aspects of reasoning about data［M］. Boston：Kluwer Academic Publishers，1991.

［3］D. Y. Li，C. Y. Jiu，Y. Du，et al. Artificial intelligence with un-certainty［J］. Journal of Software，2004，15（11）：1583-1594.

［4］胡軍，王國胤. 粗糙集的不確定性度量準則［J］. 模式識別與人工智能，2010，23（5）：606-615.

［5］余建星. 工程風險評估與控制［M］. 北京：中國建築工業出版社，2009.

［6］R. Mehr，B. Hedges. Risk management in the business enterprise［M］. RD Irwin，1963.

［7］C. Williams，R. Heine. Risk management and insurance［M］. Mcgraw-Hill，1985.

［8］L. Edwards. Practical risk management in the construction industry［J］. Thomas Telford Services Limited，1995.

［9］A. Akintoye，M. MacLeod. Risk analysis and management in construction［J］. International Journal of Project Management，1997，15（1）：31-38.

［10］顧孟迪，雷鵬. 風險管理［M］. 北京：清華大學出版社，2009.

［11］B. Mulholland，J. Christian. Risk assessment in construction schedules［J］. Journal of Construction Engineering and Management，1999，125：8-15.

［12］A. Sakka，S. El-Sayegh. Float consumption impact on cost and schedule in the construction industry［J］. Journal of Construction Engineering and Management，2007，133（2）：124-130.

[13] F. Ballestìn. When it is worthwhile to work with the stochastic rcpsp? [J]. Journal of Scheduling, 2007, 10 (3): 153-166.

[14] Z. G. D., J. Bard, G. Yu. A two-stage stochastic programming approach for project planning with uncertain activity durations [J]. Journal of Scheduling, 2007, 10 (3): 167-180.

[15] R. Ashtiani, B. Leus, M. Aryanezhad. New competitive results for the stochastic resource-constrained project scheduling problem: Exploring the benefits of preprocessing [J]. Journal of Scheduling, 2011, 14 (2): 157-171.

[16] A. Taleizadeh, S. Niaki, M. Aryanezhad. Multi - product multiconstraint inventory control systems with stochastic replenishment and discount under fuzzy purchasing price and holding costs [J]. American Journal of Applied Sciences, 2009, 6 (1): 1-12.

[17] A. Taleizadeh, S. Niaki, M. Aryanezhad. Optimising multiproduct multichance-constraint inventory control system with stochastic period lengths and total discount under fuzzy purchasing price and holding costs [J]. International Journal of Systems Science, 2010, 41 (10): 1187-1120.

[18] D. Dubois, H. Prade. The three semantics of fuzzy sets [J]. Fuzzy Sets and Systems, 1997, 90 (2): 141-150.

[19] C. Liu, Y. Yueyue Fan, F. Ordvóñez. A two-stage stochastic programming model for transportation network protection [J]. Computers & Operations Research, 2009, 36: 1582-1590.

[20] P. Dutta, D. Chakraborty, A. Roy. A single-period inventory model with fuzzy random variable demand [J]. Mathematical and Computer Modelling, 2005, 41 (8): 915-922.

[21] Z. Zhang, J. Xu. A mean-semivariance model for stock portfolio selection in fuzzy random environment [R]. in industrial engineering and engineering management. in: IEEE International Conference on Industrial Engineering and Engineering Management. IEEE, 2008: 984-988.

［22］A. Shapiro. Fuzzy random variables［J］. Insurance：Mathematics and Economics, 2009, 44：307-314.

［23］J. Xu, F. Yan, S. Li. Vehicle routing optimization with soft time windows in a fuzzy random environment［J］. Transportation Research Part E：Logistics and Transportation Review, 2011, 47（6）：1075-1091.

［24］J. Xu, Z. Zhang. A fuzzy random resource-constrained scheduling model with multiple projects and its application to a working procedure in a large-scale water conservancy and hydropower construction project［J］. Journal of Scheduling, 2012, 15（2）：253-272.

［25］J. Wang, X. Cai, G. Zhang. Analysis of economics loss from ecological deteriorationin typical ecological regions and division districts of china［J］. Environment Science, 1996, 17（6）：5-8.

［26］K. Kuttner. Estimating potential output as a latent variable［J］. Journal of business & economic statistics, 1994, 12（3）：361-368.

［27］T. Andersen, J. Lund. Estimating continuous-time stochastic volatility models of the short-term interest rate［J］. Journal of Econometrics, 1997, 77（2）：343-377.

［28］O. Barndorff-Nielsen. Econometric analysis of realized volatility and its use in estimating stochastic volatility models［J］. Journal of the Royal Statistical Society：Series B Statistical Methodology, 2002, 64（2）：253-280.

［29］A. Germani, C. Manes, P. Palumbo. State estimation of a class of stochastic variable structure systems［R］. in：Proceedings of the 41st IEEE Conference on Decision and Control, vol. 3, IEEE, 2002：3027-3032.

［30］R. Kruse. The strong law of large numbers for fuzzy random variables［J］. Information Sciences, 1982, 28（3）：233-241.

［31］R. Körner. On the variance of fuzzy random variables［J］. Fuzzy Sets and Systems, 1997, 92（1）：83-93.

［32］Y. Liu, B. Liu. A class of fuzzy random optimization：expected value models［J］. Information Sciences, 2003, 155（1）：89-102.

[33] J. Xu, Z. Zeng, B. Han, X. Lei. A dynamic programming-based particle swarm optimization algorithm for an inventory management problem under uncertainty [J]. Engineering Optimization, 2012.

[34] H. Hernrich. Industrial Accident Prevention [M]. 4th. McGraw-Hill Book Co., New York, 1959.

[35] T. Abdelhamid, J. Everett. Identifying root causes of construction accidents [J]. Journal of Construction Engineering and Management, 2000, 126 (1): 52-60.

[36] E. Hollnagel, S. Pruchnicki, R. Woltjer, S. Etcher. Analysis of comair flight 5191 with the functional resonance accident model [R]. in: Proceedings of the 8th International Symposium of the Australian Aviation Psychology Association, 2008, 107-114.

[37] T. Sheridan. Risk, human error and system resilience: Fundamental ideas [J]. Human Factors: The Journal of the Human Factors and Ergonomics Society, 2008, 50 (3): 418-426.

[38] D. Lee. Maximum energy release theory for recrystallization textures [J]. Metals and Materials International, 1996, 2 (3): 121-131.

[39] R. Nuismer. An energy release rate criterion for mixed mode fracture [J]. International Journal of Fracture, 1975, 11 (2): 245-250.

[40] D. Weaver. Symptoms of operational error [J]. Professional Safety, 1971, 16 (10): 17-23.

[41] F. Bird. Management guide to loss control [M]. Georgia: Institute Press, 1974.

[42] F. Bird, G. Germain. Practical loss control leadership [J]. International Loss Control Institute, 1986.

[43] F. Bird, R. Loftus. Loss control management [J]. Institute Press, 1976.

[44] G. Lim, S. Hong, D. Kim, B. Lee, J. Rho. Slump loss control of cement paste by adding polycarboxylic type slump-releasing dispersant [J]. Cement and Concrete research, 1999, 29 (2): 223-229.

[45] T. Speth, A. Gusses, R. Scott Summers. Evaluation of nanofiltration pretreat-

ments for flux loss control［J］. Desalination, 2000, 130 (1): 31-44.

［46］S. Zhang, H. Jin, X. Zhou. Behavioral portfolio selection with loss control［J］. Acta Mathematica Sinica, 2011, 27 (2): 255-274.

［47］A. Laufer, G. Stukhart. Incentive programs in construction projects: The contingency approach［J］. PM Journal, 1992, XXII (2): 23-30.

［48］羅吉·弗蘭根, 喬治·諾曼. 工程建設風險管理［M］. 李世蓉, 徐波, 譯. 北京: 中國建築工業出版社, 2000.

［49］謝亞偉, 金德民. 工程項目風險管理與保險［M］. 北京: 清華大學出版社, 2009.

［50］O. Shean, D. Patin. Construction insurance: Coverages and disputes［M］. Michie, 1994.

［51］N. Bunni. Risk and insurance in construction［J］. Taylor & Francis, 2003.

［52］E. Lee, Y. Park, J. Shin. Large engineering project risk management using a bayesian belief network［J］. Expert Systems with Applications, 2009, 36 (3): 5880-5887.

［53］丁士昭. 工程項目管理［M］. 北京: 中國建築工業出版社, 2006.

［54］J. Yagi, E. Arai, etc. Action-based union of the temporal opposites in scheduling: non-deterministic approach［J］. Automation in Construction, 2003, 12: 321-329.

［55］H. Ke, B. Liu. Project scheduling problem with mixed uncertainty of randomness and fuzziness［J］. European Journal of Operational Research, 2007, 183: 135-147.

［56］J. Mendes, J. Goncalves, M. Resende. A random key based genetic algorithm for the resource constrained project scheduling problem［J］. Computers & Operations Research, 2009, 36: 92-109.

［57］B. Liu. Uncertainty theory an introduction to its axiomatic foundations［M］. Heidelberg: Springer-Verlag, 2004.

［58］J. Blazewicz, J. Lenstra, K. Rinnooy. Scheduiling subject to resource constrains: Classification & complexity［J］. Discrete Applied Mathematics, 1983, 5: 11-24.

[59] J. Jozefowska, M. Mika, etc. Solving the discrete – containuous project scheduling problem via its discretization [J]. Mathematical Methods of Operations Research, 2000, 52: 489-499.

[60] Y. Yun, M. Gen. Advanced scheduling problem using constrained programming techniques in scm environment [J]. Computer & Industrial Engineering, 2002, 43: 213-229.

[61] A. Kumar, R. Pathak, etc. A genetic algorithm for distributed system topology design [J]. Computers and Industrial Engineering, 1995, 28: 659-670.

[62] K. Kim, M. Gen, M. Kim. Adaptive genetic algorithms for multi-recource constrained project scheduling problem with multiple modes [J]. International Journal of Innovative Computing, Information and Control, 2006, 2 (1): 41-49.

[63] Z. Michalewicz. Genetic Algorithm + Data Structure = Evolution Programs [M]. 3rd. New York: Springer-Verlag, 1996.

[64] J. K. Bandyopadhyay, O. J. Lawrence. Six sigma approach to quality assurance in global supply chains: A study of United [J]. International Journal of Management, 2007.

[65] J. Kidd, F. J. Richter, M. Stumm. Learning and trust in supply chain management: Disintermediation, ethics and cultural pressures in brief dynamic alliances [J]. International journal of logistics: Research and applications, 2003, 6 (4): 259-276.

[66] A. Nagurney, D. Matsypura. Global supply chain network dynamics with multicriteria decision-making under risk and uncertainty [J]. Transportation research part E-logistics and transportation review, 2005, 41 (6): 585-612.

[67] P. Pande, N. Neuman, C. Cavanagh. The Six Sigma way: How GE, Motorola, and other top companies are honing their performance [M]. New York: McGraw-Hill, 2000.

[68] K. S. Chin, A. Chan, J. B. Yang. Development of a fuzzy FMEA based product design system [J]. International journal of advanced manufacturing technology, 2008, 36: 633-649.

[69] M. Umano, S. Fukami. Fuzzy relational algebra for possibility distribution-fuzzy -relational model of fuzzy data [J]. Journal of intelligent information systems, 1994, 3 (1): 7-27.

[70] J. N. Choi, S. K. Oh, W. Pedrycz. Identification of fuzzy relation models using hierarchical fair competition-based parallel genetic algorithms and information granulation [J]. Applied mathematical modelling, 2009, 33 (6): 2791-2807.

[71] H. G. Zhang, et al. A fuzzy self-tuning control approach for dynamic systems [R]. International conference on automation, robotics and computer vision, 1992: 612-618.

[72] B. D. Liu. An introduction to its axiomatic foundations [M]. Heidelberg: Springer-Verlag, 2004.

[73] R. K. Schutt. Investigation the social world [M]. 2nd. USA: Pine Forge Press, 2001.

[74] W. Predrycz. An identification algorithm in fuzzy relation system [J]. Fuzzy Sets and Systems, 1984, 13: 153-167.

[75] H. Kang, G. Vachtsevanos. Adaptive fuzzy logic control [R]. Proc. 30th American Control Conference, 1992: 2279-2283.

[76] F. Wen. Water conservancy sector advances to market [J]. Beijing Review, 1998, 41 (5/6): 17-19.

[77] J. Wang. State of the Market Preview [J]. Beijing Review, 2004, 49 (17): 42-43.

[78] S. Elmaghraby. Activity networks: Project planning and control by network models [M]. New York: Wiley, 1977.

[79] S. Hartmann, D. Briskorn. A survey of variants and extensions of the resource constrained project scheduling problem [J]. Journal of Operational Research, 2010, 207 (1): 1-14.

[80] H. Tareghian, S. Taheri. On the discrete time, cost and quality trade-off problem [J]. Applied Mathematics and Computation, 2006, 181 (1): 1305-1312.

[81] J. Xu, L. Yao. Random - like multiple objective decision making [J].

Springer, 2010.

［82］W. Feller. An introduction to probability theory and its application ［M］. New Jersey: Wiley, 1971.

［83］R. Durrett. Probability: theory and examples ［M］. Cambridge: Cambridge University Press, 2010.

［84］S. Nahmias. Fuzzy variables ［J］. Fuzzy Sets and Systems, 1979, 1: 97-110.

［85］J. Xu, X. Zhou. A class of fuzzy expectation multi-objective model with chance constraints based on rough approximation and it's application in allocation problem ［J］. Information Sciences, 2010.

［86］R. Jeroslow. The polynomial hierarchy and a simple model for competitive analysis ［J］. Mathematical Programming, 1985, 32: 146-164.

［87］滕春賢, 李智慧. 二層規劃的理論與應用 ［M］. 北京: 科學出版社, 2002.

［88］E. Zitzler, K. Deb, L. Thiele. Comparison of multiobjective evolutionary aglorithms: Empirical results ［J］. Evolutionary Computation, 1999, 8: 173-195.

［89］G. Liu, J. Han, S. Wang. A trust region algorithm for bilevel programming problems ［J］. Chinese Science Bulletin, 1998, 43: 820-824.

［90］J. Sohn, T. Kim, G. Hewings, J. Lee, S. Jang. Retrofit priority of transport network links under an earthquake ［J］. Journal of Urban Planning and Development, 2003, 129 (4): 195-210.

［91］S. Werner, C. Taylor, J. Moore, J. Walton. Seismic retrofitting manuals for highway systems ［J］. MCEER, 2008.

［92］C. Jasch. The use of environmental management accounting (ema) for identifying environmental costs ［J］. Ournal of Cleaner Production, 2003, 11: 667-676.

［93］R. Cooper. The rise of activity-based costing part one: What is an activity-based cost system? ［J］. Journal of Cost Management, 1988, 2: 34-54.

［94］X. Xiao. Theory of Environment Cost ［M］. Beijing: China Financial & Economic Publishing House, 2002.

［95］G. Zhang, J. Lu, T. Dillon. Decentralized multi-objective bilevel decision making with fuzzy demands [J]. Knowledge-Based systems, 2007, 20 (6): 495-507.

[96] L. Zadeh. Fuzzy sets [J]. Information Control, 1965: 8.

[97] D. Dubois, H. Prade. Possibility theory: An approach to computerized processing of uncertainty [M]. New York: Plenum Press, 1988.

[98] R. Jeroslow. The polynomial hierarchy and a simple model for competitive analysis [J]. Mathematical Programming, 1985, 32: 146-164.

[99] J. Bard. Some properties of the bilevel programming problem [J]. Journal of Optimization Theory and Applications, 1991, 68 (2): 371-378.

[100] J. Bard, J. Falk. An explicit solution to the multi-level programming problem [J]. Computers and Operations Research, 1982, 9: 77-100.

[101] L. Case. An l1 penalty function approach to the nonlinear bilevel programming problem [D]. Thesis: University of Waterloo, 1999.

[102] J. Fortuny-Amat, B. McCarl. A representation and economic interpretation of a two-level programming problem [J]. Journal of the Operational Research Society, 1981, 32: 783-792.

[103] Y. Gao, G. Zhang, J. Lu, H. Wee. Particle swarm optimization for bi-level pricing problems in supply chains [J]. Journal of Global Optimization, 2011, 51 (2): 245-254.

[104] B. Lucio, C. Massimiliano, G. Stefano. A bilevel flow model for hazmat transportation network design [J]. Transportation Research Part C, 2009, 17: 175-196.

[105] L. Vicente, G. Savard, J. Júdice. A linear bilevel programming algorithm based on bicriteria programming [J]. Descent approaches for quadratic bilevel programming, 1994, 81: 379-399.

[106] J. Kennedy, R. Eberhart. Particle swarm optimization [R]. in: International Conference on Neural Networks, vol. 4, IEEE, 1995: 1942-1948.

[107] R. Poli, J. Kennedy, T. Blackwell. Particle swarm optimization [J]. Technological Forecasting and Social Change, 2007, 1 (1): 33-57.

[108] I. Trelea. The particle swarm optimization algorithm: convergence analysis and

parameter selection [J]. Information processing letters, 2003, 85 (6): 317-325.

[109] F. Van den Bergh, A. Engelbrecht. A cooperative approach to particle swarm optimization [R]. IEEE Transactions on Evolutionary Computation, 2004, 8 (3): 225-239.

[110] G. Venter, J. Sobieszczanski-Sobieski. Particle swarm optimization [J]. AIAA journal, 2003, 41 (8): 1583-1589.

[111] V. Kachitvichyanukul. A particle swarm optimization for the vehicle routing problem with simultaneous pickup and delivery [J]. Computers & operations research, 2009, 36 (5): 1693-1702.

[112] P. Pongchairerks, V. Kachitvichyanukul. A non-homogenous particle swarm optimization with multiple social structures [R]. in: Proceedings of the International Conference on Simulation and Modeling 2005, 2005.

[113] G. Ueno, K. Yasuda, N. Iwasaki. Robust adaptive particle swarm optimization [R]. in: IEEE International Conference on Systems, Man and Cybernetics, vol. 4, IEEE, 2005: 3915-3920.

[114] T. Ai. Particle swarm optimization for generalized vehicle routing problem [D]. Thesis: Asian Institute of Technology, 2008.

[115] M. James, J. Baras, R. Elliott. Risk-sensitive control and dynamic games for partially observed discrete-time nonlinear systems [R]. IEEE Transactions on Automatic Control, 1994, 39 (4): 780-792.

[116] F. Goniil, M. Shi. Optimal mailing of catalogs: A new methodology using estimable structural dynamic programming models [J]. Management Science, 2009, 44 (9): 1249-1262.

[117] 李純青, 趙平, 徐寅峰. 動態客戶關係管理的內涵及其模型 [J]. 管理工程學報, 2005, 19 (3): 121-126.

[118] 李純青, 姬升良, 董鐵牛. 動態客戶關係管理模型及應用 [J]. 西安工業學院學報, 2003, 23 (4): 355-360.

[119] 胡理增. 面向供應鏈管理的物流企業客戶關係管理研究 [D]. 南京: 南京理工大學, 2006.

國家圖書館出版品預行編目(CIP)資料

建設工程項目風險損失控制理論與實踐研究 / 甘露 著. -- 第一版.
-- 臺北市：財經錢線文化出版：崧博發行，2018.11

　面 ；　公分

ISBN 978-957-680-274-4(平裝)

1.建築工程 2.風險管理

441.3　　　　107018838

書　名：建設工程項目風險損失控制理論與實踐研究
作　者：甘露 著
發行人：黃振庭
出版者：財經錢線文化事業有限公司
發行者：崧博出版事業有限公司
E-mail：sonbookservice@gmail.com
粉絲頁　　　　　　　網　址：
地　址：台北市中正區延平南路六十一號五樓一室
8F.-815, No.61, Sec. 1, Chongqing S. Rd., Zhongzheng Dist., Taipei City 100, Taiwan (R.O.C.)
電　話：(02)2370-3310　傳　真：(02) 2370-3210
總經銷：紅螞蟻圖書有限公司
地　址：台北市內湖區舊宗路二段 121 巷 19 號
電　話：02-2795-3656　傳真：02-2795-4100　網址：
印　刷：京峯彩色印刷有限公司（京峰數位）

　　本書版權為西南財經大學出版社所有授權崧博出版事業有限公司獨家發行電子書及繁體書繁體版。若有其他相關權利及授權需求請與本公司聯繫。

定價：450元

發行日期：2018 年 11 月第一版

◎ 本書以POD印製發行